KB261673

내 아이를 위한
최고의 수업

내 아이를 위한 최고의 수업

EBS 〈선생님이 달라졌어요〉 제작팀 지음
기획 EBS MEDIA

북하우스

교육 혁명의 시작점을 연
EBS 〈선생님이 달라졌어요〉

현재 우리 교육은 어디로 가고 있는가. 연이은 학교 폭력과 안타까운 학생들의 자살, 추락하는 교권…. 이런 상황 속에서 아이들과 교사는 커다란 혼란 속에 놓여 있다. 교실의 위기는 사회의 불안이기도 하다.

더군다나 대책 위주의 교육 정책은 교육 문제를 더욱 심화시키고 있다. 여전히 경쟁과 선별에 의한 교과 교육이 주를 이루며 교육 당국은 아이들을 통제와 관리의 대상으로만 여긴다. 단순히 생활지도나 규율을 통해 학교를 유지할 수 있다고 믿기 때문이다.

하지만 교실의 위기를 극복하려면 일시적인 '교육 대책'에서 벗어나 '참된 교육'이 왜 필요한지 근본적인 물음이 필요하다. 지금까지는 주로 입시교육 정책, 교육 과정과 평가 등 제도적 방법을 통해 답을 찾고자 했지만 이러한 정책 어디에도 교육의 주체인 아이들과 교사들의 행복에 관한 고민은 없다.

교실의 위기가 점령한 학교. 이런 상황에서 EBS 〈선생님이 달라졌어요〉는 커다란 사회적 반향을 일으켰다. 미처 깨닫지 못했던 우리 교육의 문제를 근본적으로 성찰할 수 있는 계기가 되었고, 선생님과 아이들이 상처를 치유하고 회복해가는 구체적인 과정을 통해 교육의 실질적 대안을 제시하였다.

〈선생님이 달라졌어요〉에서 주목할 점은 가르치는 일을 '변별과 통제'가 아닌 '존중과 관계'에서 찾고자 했다는 것이다. 교사가 먼저 힘과 통제를 내려놓고 존중과 배려의 교실 문화가 자리 잡도록 노력하자 놀랍게도 아이들은 변화하기 시작했다. 아이들과의 따뜻한 관계가 곧 치유이고 회복이었던 것이다. 아이들에 대한 존중이 있을 때 선생님을 향한 존경이 있고 이것이 곧 '사랑받는 권위'를 만들어주었다. 또한 수업에서 통제를 위한 억압적 수단을 내려놓고 인정의 통로를 사용할 때 비로소 능동적인 배움이 살아나는 것을 발견할 수 있었다. 교실의 변화를 이끌었던 나로서도 기대 이상의 매우 놀라운 일이었다.

〈선생님이 달라졌어요〉는 선생님 자신의 개인의 변화를 넘어 선생님과 아이들이 함께 의미를 나누고, 이야기를 만들어나가면서 교실을 삶의 공간으로 바꾸는 과정을 보여주었다. 이러한 변화 과정을 여과 없이 공개한 선생님들의 도전은 정말 대단한 용기가 필요한 일이었다. 어렵고 고통이 따르는 일이었기에 시련과 좌절, 그리고 그것을 극복해가는 과정은 많은 이들에게 감동을 주었고 변화된 교실, 행복한 아이들의 모습은 꽃처럼 아름다웠다.

이 아름다운 변화 과정이 방송에 이어 책으로 나오게 되었다. 이 책에 담긴 '관계와 소통'의 메시지가 아이들의 진정한 행복을 바라는 학부모와 선생님들에게 '마음의 거울'이 되었으면 한다. 가르치는 일은 성찰이고 배움이어야 한다. 내 안에 숨겨진 내면의 상처와 두려움, 낡은 관행과 습관은 아이들과의 일상적 관계와 수업에서 고스란히 나타난다. 자신을 직시해 바라볼 수 있는 성찰의 눈과, 두려움과 직면할 수 있는 용기가 주어져야 그 변화는 피부로 다가온다.

〈선생님이 달라졌어요〉에서의 선생님들의 변화 과정은 자신 속에 숨겨진 두려움과 습성을 들추어내 치열하게 싸우는 과정이었다. 일곱 명의 선생님이 보여준 변화를 위한 눈물 겨운 노력은 교육을 고민하는 많은 사람들에게 반면교사이고 희망이 될 것이다.

선생님의 내면이 건강해야 아이들도 건강한 미래를 열 수 있다. 선생님이 행복해야 교실이 행복해진다. 〈선생님이 달라졌어요〉는 교실의 혁신을 넘어 학교 혁명의 시작점이 되어주었다. 그 뜨거운 변화 과정을 함께한 선생님들에게 이 자리를 빌려 진심 어린 응원과 고마운 마음을 전한다.

2012년 10월

서길원 (보평초등학교 교장, EBS 〈선생님이 달라졌어요〉 대표 멘토)

교실이 변하고
아이들이 행복해지는 기적

처음에는 〈선생님이 달라졌어요〉라는 프로그램 제목조차 제대로 말하지 못했다. 아이도 아니고 선생님이 달라지다니, 어떻게 감히 선생님을 개선(?)시키려 한다는 말인가, 주변에서는 불가능할 것이라는 이야기가 지배적이었다.

무엇보다 프로그램을 준비하면서 제작진이 걱정했던 것은 '과연 선생님들이 참가 신청을 할까'라는 것이었다. 이 점에 대해서는 전문가들조차 회의적인 반응이었다. 자신의 수업을 전국의 수많은 시청자들 앞에 낱낱이 공개한다는 것은 선생님들로서는 자신의 치부를 만천하에 드러내는 일이었기 때문이다. 하지만 일단 부딪혀보자는 마음으로 참가공고문을 띄웠다. 그런데 예상 밖의 일이 벌어졌다. 좋은 선생님이 되기를 원하는 선생님들의 사연이 인터넷과 전화로 폭주한 것이다. 우리의 교실과 학교에 희망이 있다는 사실을 확인하는 순간이었다. 달라지겠다는 선생님들의 마음, 그 자체가 변화의 시작이고 희망이었다.

예상보다 훨씬 많은 수의 선생님들이 참가 신청을 하면서, 본의 아니게 면접까지 실시하게 됐고 경력 2년차부터 23년차까지 모두 일곱 명의 선생님을 선발하고 6개월간의 도전이 시작됐다.

〈선생님이 달라졌어요〉의 촬영은 닫힌 교실을 여는 것으로 시작됐다. 그동안 교실은 카메라가 함부로 들어갈 수 없는 선생님만의 공간이었다. 한 번도 제대로 공개된 적 없는 교실을 있는 그대로 촬영하기 위해 곳곳에 수많은 카메라가 설치됐다. 그리고 카메라는 선생님의 눈빛과 손짓을 하나하나 놓치지 않고 교실의 모든 것을 기록했다. 선생님들로선 엄청난 용기가 필요한 일이었다. 지금 생각해도 정말 감사한 일이다.

방송이 나간 지 1년이 지났지만, 아직도 생생히 기억나는 장면이 있다. 바로 선생님들의 눈물이다. 처음으로 자신의 수업을 영상을 통해 대면하는 시간, 화면을 지켜보던 선생님의 눈에서 눈물이 뚝뚝 떨어졌다. 자고 있는 아이들, 딴짓하는 아이들…. 교실에는 가르치는 선생님만 있을 뿐 배우려는 학생이 없었다. 스스로에 대한 속상함으로, 아이들에 대한 미안함으로 멈추지 않았던 선생님의 눈물은 그만큼 강렬했다. 어쩌면 변화는 이미 그때 시작됐는지도 모른다.

하지만 변화는 힘들고 어려운 과정이었다. 코칭 한 번으로 선생님이 달라질 수는 없는 일, 6개월 동안 선생님들은 좋아졌다, 나빠졌다를 반복하면서 제작진도 선생님들의 상황에 따라 함께 널을 뛰었다. 어떤 작가는 선생님과 찐한 연애를 한 느낌이라고까지 했다. 하지만 우리가 제작 과정 내내 개인의 삶도 희생할 정도로 그토록 프로그램에 몰두할 수 있었던 건 〈선생님이 달라졌어요〉가 방송 한 편으로 끝나는 것이 아니라 이 방송을 통해 교실이 변하고 아이들이 행복해질 수 있을 것이란 확신이 있었기 때문이다.

방송 이후 많은 분들이 우리에게 질문을 했다. 6개월 동안 도대체 선생님에게 어떤 도움을 주었길래 그렇게 놀라운 변화가 나타났냐고 말이다.

하지만 전문가 누구도 하우투, 즉 구체적인 방법을 알려주지 않았다. 대신 '교사란 어떤 존재인가', '어떤 선생님이 되고 싶은가'와 같은 추상적인 질문을 선생님들에게 던졌다. 선생님들로서도 당혹스러운 일이었을 것이다. 선생님들이 큰 용기를 내고 프로그램에 참가한 것은 변화의 단초가 될 만한 핵심적인 팁에 대한 기대가 있었기 때문이다.

대신 수개월간의 코칭 과정은 좋은 수업, 좋은 교사가 어떤 것인지, 선생님들 스스로 질문하고 그 해답을 찾아가는 것으로 채워졌다. 아이들 한 명 한 명에게 아침 인사하기, 반드시 이름 불러주기, 수업 시간에 아이들 말 들어주기…. 선생님들이 찾은 해답은 너무나 사소한 것들이었다. 하지만 그 후 아이들의 얼굴에 웃음이 피어나기 시작했다. 아이들이 선생님 곁으로 다가오자, 선생님의 변화는 더 빨라졌다. 업무에 바빠 교과서 한 번 못 보고 수업에 들어가던 선생님이 교실에 홀로 남아 수업을 준비하는 모습에 감동을 받기도 했다. 교사 코칭 프로젝트의 목표이자, 전문가들이 말한 핵심은 바로 '아이들과의 관계'였다

'자신의 수업을 공개한 선생님의 용기에 박수를 보냅니다'

'선생님 덕분에 학교에 대한 희망이 생겼어요'

'우리 아이도 저런 선생님께 배우고 싶어요'

〈선생님이 달라졌어요〉가 방송되는 날이면, 게시판에는 학부모들의 응원 글이 쇄도했다. 대부분 선생님들의 진정한 변화에 공감한 내용들이다.

〈선생님이 달라졌어요〉의 제작기간은 최소 6개월에서 8개월, 이 정도 제작기간을 가진 방송 프로그램은 초대형 다큐멘터리를 제외하고 찾기 힘들다. 제작비의 부담 때문이다. 그런데 왜 유독 〈선생님이 달라졌어요〉에 6개월이라는 오랜 제작기간을 준 것일까? 그만큼 선생님이 변하는 데는 시간이 걸리기 때문이다. 아마 제작기간이 짧았다면 선생님들의 진정한 변화는 힘들었을 것이다. 이것 또한 감사할 일이다.

여전히 선생님들을 둘러싼 환경은 녹록치 않다. 학원 강사들과 비교당하며, 학부모도 사회도 선생님에 대한 비난을 그치지 않는다. 그 안에서 많은 선생님들이 좌절하고 실망하고 있는 것이 사실이다. 또한 선생님들이 변한다고 우리 학교의 모든 문제가 해결되는 것도 아니다. 그/럼/에/도/ 불/구/하/고/ 선생님들의 변화가 얼마나 엄청난 힘을 가졌는지 직접 보고 경험한 제작진으로서는 선생님의 위대한 힘을 강조하지 않을 수 없다. 단 한 명의 선생님이 달라지는 순간, 교실 안 서른 명 아이들이 행복해진다. 선생님이 달라지면 아이들, 그리고 교실이,

더 나아가 학교가 달라진다. 교육 제도의 모순과 사회적인 어려운 상황 속에서 교실의 변화를 선생님에서 출발한 것은 바로 이것 때문이었다.

많은 사람들이 말했다. 〈선생님이 달라졌어요〉를 보고 우리의 교실이 달라질 수 있다는 희망을 보았다고 말이다. 앞으로도 〈선생님이 달라졌어요〉가 선생님들과 학부모, 그리고 교육을 생각하고 고민하는 모든 이들에게 희망의 홀씨가 되기를 바란다.

EBS 〈선생님이 달라졌어요〉 제작진을 대표하여

김미지 작가

가슴으로 받아들이는 사랑받는 권위_022

다시 시작된 선생님들의 도전

"교사 자신의 발전을 희망하고, 아이들을 향한 사랑과 사명감을 다시 한 번 높이고자 하는 초중고 선생님들의 많은 참여를 기다립니다."

2010년 EBS 〈학교란 무엇인가〉 10부작 시리즈 중의 하나인 5부 〈우리 선생님이 달라졌어요〉가 방영된 후 시청자들의 반응은 예상보다 뜨거웠다. '전기에 감전된 듯 짜릿하면서도 부끄러웠다'는 새내기 교사의 반성도 있었고, '학교가 건강해지기 위해 노력하는 교사들의 용기에 박수를 보내고 같이 울었다'고 감동의 여운을 전해준 초등학교 학부모도 있었다. '수업 시간마다 폭풍 졸음 수업을 하는 우리 선생님을 공개 수배한다'는 애교 섞인 제자의 고발도 이어졌다. 수업의 질을 높이기 위해서는 단지 '교사의 수업 능력이 문제가 아니라 근본적인 교육 제도를 살펴봐야 한다'는 날카로운 질타도 이어졌다.

〈우리 선생님이 달라졌어요〉를 통해 만난 선생님들은 한 해가 지나 어떠한 모습으로 지내고 있을까? 방송 이후 오랜만에 본 선생님들의 얼굴 표정은 환했다. 저마다 성격도 다르고 수업 스타일도 다르지만 선생님들이 입을 모아 공통적으로 외치는 건 수업에 대한 기대감이다. 지난해보다 좀 더 좋은 모습을 보이고 싶은 기대감과 함께, 그렇게 어렵기만 했던 좋은 수업을 머릿속으로 상상하는 일이 이제는 어렵지 않다고 했다. 평소 자신의 수업을 그대로 공개해도 좋다는 자신감이 주목할 만한 가장 큰 변화었다.

이처럼 선생님들이 달라질 수 있었던 요인은 무엇일까? 그것은 자신이 생각하는 이미지와 카메라를 통해 직면한 자기 모습의 차이를 있는 그대로 '인정'하는 것이다.

물론 교사의 노력만으로 교육이 획기적으로 변하지는 않는다. 문제의 모든 원인을 교사 책임으로 몰고 가려는 건 더더군다나 아니다. 다만 여러 가지 원인 속에서 학교를 변화시키는 힘은 깨어 있는 교사에서부터 시작된다는 걸 우리는 안다. 교사의 노력은 학교를 변화시키기 위한 씨앗이기 때문이다. 교사의 노력과 더불어 가정이 달라져야 하고, 사회가 달라져야 한다. 그 연대가 이루어질 때 행복한 학교로의 변화가 시작될 수 있는 것이다.

2011년 4월, 국내 최초 교사 변신 프로젝트 〈우리 선생님이 달라졌어요〉의 도전이 다시 시작됐다. 이번에 달라진 점이라면 지난 방송을 통해 혹독한 코칭 과정이 모조리 공개된 상황이라는 것과 일선 선생님들의 용기 있는 도전으로 이번엔 더 많은 선생님을 모시기로 한 것이다.

　지난 3월, 선생님을 찾는 모집 공고를 띄운 이후 변화를 꿈꾸는 선생님들의 지원서가 전국 초등학교, 중학교, 고등학교에서 답지했다. 신청한 사연은 그 관심만큼이나 다양했다.

　'학교에서의 제 삶은 행복하지 않아요.'
　'좋은 선생님인지 궁금할 때가 있습니다.'
　'나는 교사라고 말할 수 있는 사람일까?'
　'아이들이 저를 무서운 선생님으로 인식해요.'

　선생님들은 수업 시간에 항상 자거나 딴짓을 하는 아이들 때문에 다양한 교수법을 알고 싶어 했고, 서먹해진 학생들과 좋은 관계를 맺고 싶어 했다. 또한 교권의 위기를 말할 만큼 땅에 떨어진 교사의 자존감을 높일 수 있기를 바랐다.

　수많은 사연 중에 최종 면접을 거쳐 일곱 명의 선생님이 선정됐다. 선생님들은 자신의 수업을 용기 있게 공개하고 좋은 선생님이 되기 위해 6개월 동안 교사 혁신 프로젝트에 도전하였다. 프로젝트에 도전하면서 선생님들은 선생님과 아이가 함께 행복할 수 있는 진정한 의미의 교육이란 무엇인지 고찰하고 대한민국 교실의 미래를 그려보고자 했다.

　이번에도 어김없이 교실에 4대의 카메라가 설치됐고 교실의 다양한 곳에 설치된 카메라는 선생님의 말과 시선, 몸짓 하나도 놓치지 않았다. 선생님 스스로의 성장과 성찰, 변화를 위한 노력에서부터 아이들의 변화, 교실의 변화 과정이 고스란히 카메라에 담겼다. 교육학자, 현직 수석교사, 심리 전문가들이 선생님들의 수업을 꼼꼼히 분석하여 개선 방안을 결정하고 미션을 전달했다. 또한 선생님의 수업을 참관하면서 적절한 피드백을 주고 해결책을 함께 모색했다. 그 밖에도 선생님들은 수업 공개 및 분석을 통해 감정코칭, 수석 교사의 일대일 코칭, 교육철학 워크숍 등 다양한 솔루션을 제공받았다.

선생님들에게 주어진 변화 미션은 아침 인사부터 수업 시간의 몸짓, 말씨, 눈빛까지 제각기 다르지만, 최종적인 미션은 하나로 통한다. 바로 아이들과의 관계를 회복하는 것이다.

선생님들과의 첫 만남은 새싹이 피어나는 푸른 3월이었다. 제작진과 전문가는 일곱 명 선생님의 교실을 입체적으로 관찰했고 4월에는 주어진 미션 속에서 아이들과 함께 웃는 법을 배웠다. 전문가들의 현장 코칭을 통해 부끄러웠던 자신의 교실을 되돌아보았고, 6월, 교육철학 워크숍을 통해 흐트러진 마음을 점검했다. 7월, 변하고자 하는 선생님들의 노력은 계속됐고 8월에는 일곱 명 선생님들에 대한 마지막 분석을 마쳤다.

그렇게 드라마보다 감동적인 우리 선생님들의 가슴 뜨거운 이야기가 다시 시작됐다.

가슴으로 받아들이는
사랑받는 권위

권위 있는 선생님 vs 친구 같은 선생님

가난한 집안에 공부도 못하지만 싸움 하나만은 기가 막히게 잘하는 문제아 완득이는 시간 될 때마다 교회를 찾아가 간절히 기도한다. "제발 똥주 좀 죽여주세요!"

가진 것 없고, 공부 머리도 없고, 꿈도 없는 완득이가 바라는 단 하나의 소원은 담임 똥주가 없어지는 것. 입만 열면 막말이요, 자율 학습은 백 퍼센트 진정한 자율에 맡기는 담임 똥주는 그런 마음을 아는지 모르는지 사사건건 완득이의 일에 간섭하는 데다 존재조차 모르는 완득이의 친엄마를 만나보라고 닦달한다.

— 영화 〈완득이〉 중에서

1978년 유신 말기, 개발 광풍으로 어수선한 강남 말죽거리에 있는 정문고에 이소룡을 우상으로 섬기는 현수가 전학을 온다. 완장을 찬 선도부는 교련 선생님의 비호 아래 학교 질서를 잡겠다는 명목으로 폭력을 휘두르고, 조폭인지 교사인지 분간이 안 가는 체육 선생님은 야구 방망이를 들고 다니며 일명 '빠따'를 휘두른다. 괴뢰군이라고 불리는 교련 선생님은 군복을 입고 선글라스를 낀 채 학교에 출근해 바리깡을 가지고 다니며 두발 불량 학생들의 머리를 밀어 고속도로를 만들어버리는 데다, 바지통이 좁으면 가위로 잘라 통바지로 만드는 등 독종 기질을 유감없이 발휘한다.

- 영화 〈말죽거리 잔혹사〉 중에서

MIT 공대에서 청소 일을 하는 윌 헌팅은 평범한 외모와는 달리 노벨상 수상자들도 손대지 못하는 어려운 문제들을 싱겁게 풀어버리는 천재적인 두뇌의 소유자다. 어릴 적 신체 학대를 받은 뒤로 상대만 보면 이죽거리거나 툭하면 패싸움을 하는 윌 헌팅의 숨겨진 재능을 알아본 사람은 심리학 교수 숀. 숀 교수는 마음의 상처로 사람들과 다투기만 하는 윌의 상처를 보듬고 자신의 아픈 과거 이야기를 해주면서 마음을 열 수 있도록 도와준다. 윌이 MIT 학생들과 빈민가 친구들의 싸움에 휘말려 법적 싸움으로 번질 위기에 이르자 숀 교수는 세상을 살아가는 데 필요한 지혜를 그에게 가르쳐준다.

"진정한 의미의 상실은 너보다 다른 무언가를 더 사랑할 때 생기는 거야." 곁에 있는 사람이 자신을 떠날까 봐 두려워서 다른 사람을 사귀지 못하는 윌의 마음을 이해한 숀의 진실한 충고에 그는 마침내 세상을 향한 발을 내디딘다.

-영화 〈굿윌헌팅〉 중에서

세 영화에는 저마다 개성 강한 선생님이 등장한다. 선생님과의 만남에서 주인공은 더한 시련을 겪거나 상처를 치유하기도 한다. 굳이 분류하자면 〈완득이〉의 담임인 동주 선생님은 선생님이라기보다는 인생 선배 같은 모습이다. 반면 영화 〈말죽거리 잔혹사〉의 교련 선생님은 남학교에서 흔히 볼 수 있는 독종 캐릭터이자 절대적인 권위자를 상징한다. 굳이 비유하자면 '돌격 앞으로!'를 외치면 부하들은 무조건 복종해야 하는 전쟁터의 장군 같다고나 할까. 반면 그 대척점에 있는 선생님은 심리학 교수인 〈굿윌헌팅〉의 숀 교수이다. 온갖 시행착오를 겪는 제자에게 꾸중보다는 격려를 해주는 멘토의 모습을 보여주고 있기 때문이다.

1970~80년대만 해도 영화 〈말죽거리 잔혹사〉에 나오는 교련 선생님은 여느 남학교에서 흔히 볼 수 있는 카리스마형 교사였다. 카리스마라는 말이 원래 '신이 주신 재능'이란 의미처럼 사람들을 움직이게 하는 힘을 이용해 원하는 바를 강력하게 밀어붙이는 리더십으로 통했다. 선생님은 통제와 규칙으로 아이들이 순종하기를 요구했고 선생님 말만 잘 따라도 대학에 잘 간다거나 잘산다는 믿음이 있었기 때문에 이 카리스마는 효력이 있었다. 그러나 시대가 바뀌면서 교육 가치관도 많이 발

전했다. 억압이나 통제로 이루어진 교사와 학생 간의 수직적 관계를 깨고 수평적 관계를 맺기 위한 일선 교사들의 노력이 이어졌다.

교직에 첫 등단한 초임교사나 학생들에게 물어보면 대부분 '친구 같은 선생님'이 되거나, 그런 선생님을 만나길 희망한다. 학생이 마음을 터놓고 고민을 상담할 수 있는 가까운 존재가 되길 원하는 것이다. 하지만 한편으로는 심리적으로는 가깝되 마냥 편한 존재로 남길 바라지는 않는, 이율배반적인 마음도 있다. 아이들이 권위 있는 선생님이 되면 무서워하고, 친구 같은 선생님이 되면 만만하게 여기기 때문이다. 친구 같은 선생님과 권위 있는 선생님 사이에서 어떤 선생님이 좋은 선생님인지 갈피를 못 잡고 갈팡질팡하는 선생님들이 의외로 많은 이유가 이 때문이기도 하다.

오죽하면 고참 교사들은 '새 학기가 시작되는 3월에는 이를 보이지 마라'는 말을 하겠는가! 이를 드러내고 웃으면 아이들이 얕잡아보거나 괜한 틈을 보일 수 있다는 뜻이다. 교사의 권위가 서지 않은 상태에서 아이들을 어떻게 가르치며, 교육 질서는 엉망이 될 것이 뻔하고, 과연 학생이 교사에게 존경심을 갖겠느냐는 거다. 학기 초는 교사와 학생의 기 싸움이 심한 때라, 처음엔 무섭게 대하되 몇 달 지나 친절해져도 된다는 충고가 자못 의미심장하다.

선생님을 지식 전달자로서 보다 많은 지식과 정보를 전달해주면 '잘 가르치는 선생님'으로 통했던 때도 있었다. 이제는 인터넷으로 검색만 하면 관련 지식과 고급 정보를 손쉽게 얻을 수 있는 시대가 오면서 교사들의 성찰이 계속 이어졌다. 지식 전달자로서가 아니라 '교사란 무엇인가'에 대한 본질적인 물음과 고민이 이어진 것이다. 가르치는 교사가 아니라 지식 안내자, 멘토, 가이드, 학습 촉진자, 조언자 등 아이를 배움의 길로 이끄는 교사로서의 역할을 본격적으로 고민하기 시작한 것도 이즈음이다. 세 영화로 따지자면 〈굿윌헌팅〉의 숀 교수처럼 선생님이 학생들에게 삶의 멘토로서의 역할을 하는 것을 이상적으로 여기게 된 셈이다. 물론 아직까지 좋은 수업의 기준을 교과 내용을 얼마나 잘 전달하는가, 성적을 어떻게 잘 올릴 것인가로 보는 교사들도 많지만 말이다.

권위의 진정한 의미는

> 교사는 모두 알고 있다. 사랑만으로 충분하지 않다는 사실을.
>
> **— 하임 기너트, 『교사와 학생 사이』**

아침에 일어나, 아이의 하루를 비참하게 만들겠다고 작심하는 부모는 없다. "할 수만 있다면 오늘 우리 아이를 야단치고, 잔소리를 해대고, 창피를 주어야지" 하고 다짐하는 어머니나 아버지는 없다. 그와 반대로 많은 부모들은 아침에 일어나 이렇게 다짐한다.

"오늘은 아이들과 아무 일 없이 지내야지. 야단을 치지도 않고 말다

툼을 벌이지도 않고, 싸우지도 말아야지."

하지만 아무리 마음을 좋게 먹어도, 원치 않았던 전쟁은 다시 벌어지고 만다.

– 하임 기너트, 『부모와 아이 사이』 서문

감정코칭을 확립한 아동심리학자 하임 기너트 박사가 부모와 교사에게 던지는 메시지는 분명하다. 설령 부족하고 문제가 있더라도 아이를 그 자체로 인정하고 받아들이고 배려하라는 것, 그리고 사랑을 이야기하지 말고 그 마음을 표현하라는 것이다.

스펀지처럼 주위의 정보를 빠르게 받아들이는 아이에게 많이 가르친다고 해서 배움이 따라오지는 않는다. 아이의 이름을 불러주고, 눈을 맞춰주고, 아이들의 말에 공감하면서 경청할 때 비로소 아이들은 배움을 터득한다.

그러나 권위를 중시하는 교사는 관계를 중요하게 생각하면 교사로서의 권위가 떨어지고 아이들을 통제하기가 힘들다고 말한다. 권위를 지키기 위해서는 좀 더 엄격해질 필요가 있지 않느냐는 것이다. 해답은 의외로 간단하다. 아이의 감정은 받아주지만 행동은 엄격하게 하는 것. 화를 내고, 기뻐하고, 천진난만하게 웃는 아이의 감정을 잘 받아들이고 이해하되 학교에서 공동체 구성원으로서 책임져야 할 부분, 학생으로서 해야 할 일에 있어서는 책임을 가르치는 엄격함이 필요하다.

잘못된 관계는 배움 안에 두려움을 키운다. 우리는 어른이 가르치는 틀 속에서 아이를 평가한다. 의도했던 단계까지 도달하지 못하면 아이들은 배움에서 좌절하고, 깊은 상처를 간직한다. 그 상처가 바로 두려움이다. 두려움을 경험한 아이는 배움의 즐거움 또한 사라진다. 가르치기에 급급하면 그때부터는 아이들의 상처가 눈에 들어오지 않고 아이들을 보듬어주지 못한다.

교사가 힘과 통제의 권위를 내려놓고 존중과 배려로 아이들과 소통할 때 아이들은 변화한다. 사랑을 기반으로 한 아이들에 대한 존중은 선생님에 대한 존경이 되고 이것은 자연스럽게 선생님에게 권위를 준다. 이렇게 권위는 힘으로 제압하고 지키는 것이 아니라 아이들로부터 올라오는 것이다. 이것이 바로 '사랑받는 권위'다.

사랑받는 권위는 학교라는 공간에서 어떻게 나타날 수 있을까? 사랑받는 권위를 누리기 위한 선생님들의 숨 가쁜 도전이 시작됐다.

수업에는
사랑이 있어야 한다

"수업을 하거나 학교 일을 할 때는 제가 원하는 방향으로 끌고 갈 수 있었고 부담도 없었어요. 그런데 하루 일과를 마치고 나면 보람을 느끼거나 긍정적인 생각이 들지 않고 에너지가 다 빠져나간 것처럼 힘이 빠지고 마음이 불편했어요. 서로 공감하고 에너지를 받는 관계가 되고 싶은데 그러질 못하니까 아이들과 뭔가 단절되어 있는 것 같아 힘들었어요. 바닥을 칠 만큼 가슴이 답답했습니다."

— 정연우 선생님(여, 초등학교 4학년 교사)

교사는 '가르치는 직업'이라고 말한다. 그 말대로라면 그저 잘 가르치기만 하면 좋은 교사일까? 정연우 선생님은 교사로서의 업무도 능숙하고, 부모들 사이에서도 수업을 잘 가르치는 선생님으로 통했다. 지금처럼만 해도 교사로서 살아가는 데 어려움이 없을 뿐 아니라 자신이 원하는 대로 수업을 하고 아이들도 선생님이 원하는 방향으로 잘 따라올 것이다.

그런데 한 해, 두 해, 열두 해가 지나 경력이 쌓이면서 교사로서의 성취감도 커져야 하는 게 당연한 이치이건만 이상하게 마음에는 답답한 갈증만이 쌓였다. 하루 수업을 마치고 나면 그날 잘한 일은 하나도 생각나지 않고 몸의 힘이 빠진 채 에너지가 소모된 듯한 기분만 남았다. 아이들을 대하는 태도에 문제가 있는 건지, 가르치는 데 어떤 문제가 있는 건지 그 이유는 스스로도 몰랐다. 다만 어렴풋하게 느끼는 건 아이들과 '나' 사이를 가로막는 단단한 벽이 있다는 추측뿐이었다.

아무것도 성취하지 못하고 한 학기를 보내고 일 년을 보내는 게 과연 행복일까? 가치 있는 무언가를 잃어버린 건 아닐까? 선생님의 고민이 더욱 깊어졌다.

엄격한 군대식 교육

아침 묵상 시간. 발표 준비를 하는 아이들이 가지런히 줄을 서서 공책을 들고 기다리고 있다. 자기 차례가 되자 아이는 녹색 선에 발을 고정시키고 자신이 써온 글을 낭독했다. 조금의 오차도 없이 아이들은 똑같은 위치에 멈춰 섰다. 먼발치서 이를 지켜보기만 하는 선생님의 표정

:선생님의 통제로 손 머리를 하고 있는 아이들. 얼음 같은 냉랭한 분위기가 교실을 감쌌다. '통제'로 가득 찬 교실에서 아이들은 표정을 잃어버렸다.

이 냉담하다. 녹색 선에 있던 아이가 발표를 마쳤다. 그러자 발표자를 제외한 전원이 합창을 하듯이 "칭찬!", "칭찬!"을 외치면서 박수를 두 번 쳤다. 칭찬하는 태도치고는 웃음기 하나 없는 기계적인 동작이었다.

본격적인 수업이 시작되자 선생님이 고개를 까딱했다. 선생님의 수신호가 떨어지자 아이들이 의자를 끌어당기고 똑바로 앉아 앞을 응시했다. 수업 시간에 내준 과제를 풀면 마찬가지로 얌전히 두 손을 머리 위에 올린 채 기다렸다. 반을 둘러보던 선생님이 손뼉을 치자 이번에는 아이들이 로봇처럼 손을 내렸다. 이번에는 교실을 돌아다니며 아이들의 공책을 검사하던 선생님이 무언가 마음에 들지 않는지 조용히 하라는 신호를 보냈다. 아이들은 선생님의 행동을 따라하며 일제히 입을 다물고 선생님을 바라보았다.

어느 곳에서나 마찬가지였다. 도서관에서도 아이들이 좀 소란스러워지자 바로 선생님의 신호가 떨어졌다. 말이 필요 없었다. 선생님의 손짓 하나에 아이들은 쥐죽은 듯 몸을 웅크리고 일사분란하게 움직였다.

질서정연하지만 숨 막히는 교실의 모습. 아이들의 얼굴에는 표정이 없다. 그렇다면 아이들이 생각하는 선생님의 이미지는 어떨까?

"생각만 해도 무서워요", "그냥 무서워요", "무서울 때는 진짜 공포스러워요"

선생님에 대한 다양한 말들이 나올 법한데 아이들은 누구랄 것도 없이 입을 모아 단 한 가지, 무섭다는 말만 했다.

아이들의 구체적인 대답을 듣기 위해 돌린 설문지에는 선생님에 대한 더욱 혹독한 평가가 담겨 있었다. 도깨비 같다, 호랑이다, 귀신이다, 악마다… 아이들에게 '좀 무섭다'는 말은 각오했지만 악마처럼 무서운 선생님이 내 모습이라니! 뭐가 그리 재미있는지 깔깔 웃던 아이들이 내가 나타나면 표정을 싹 바꾸고 입을 다물 때는 조금 과했구나, 하는 생각이 들었지만 무섭게 해서라도 잘 가르쳐야 좋은 선생님인 줄 알았다. 그땐 아이들의 숨죽인 얼굴이 보이지 않았다.

"교실에서 보면 병정 같은 교실, 얼음 같은 교실의 냄새가 느껴져요" 라는 전문가의 지적에 선생님이 멈칫했다. 학부모 참관 수업이나 통상적인 수업 평가에서는 늘 잘 가르친다는 평가를 듣던 터라 전문가들의 야박한 평가는 의외로 다가왔다.

다른 전문가가 경직된 교실의 모습을 한 예로 들어 설명을 했다.

"아이들이 활동을 마치면 손 머리를 하고 있는데 이것은 군대에서 포로를 취급할 때 사용하는 방법입니다."

포로라니…. 뜻밖의 말이다. 수업은 일종의 균형이다. 구조화되고 효율적인 수업을 선택하면 그것이 오히려 수업을 딱딱하게 만든다. 군대처럼 선생님과 학생의 관계가 지시와 복종의 관계가 되기 때문이다.

반복되는 검사와 꾸중

2교시가 되자 정연우 선생님은 교실을 돌아다니며 아이들이 수업 내용을 잘 정리했는지 공책을 검사하기 시작했다. 무서운 얼굴로 아이들의 작은 실수 하나도 지나치는 법 없이 꼼꼼하게 지적했다. "제목 없네", "제목 땡땡, 그다음에 설명!"

점심시간이 지나고 다시 수업이 이어졌지만 선생님의 숙제 검사는 끝나지 않았다. "사회 설문지 안 한 사람, 일어나!", "정현, 냈어, 안 냈어?" 선생님이 매섭게 추궁하자 순식간에 반 분위기가 싸해졌다. 지적을 받은 정현이를 포함해 반 전체가 얼어붙었다. 모두 머릿속이 하얘진 기색이다. 반 아이들을 한 명씩 추궁하던 선생님이 숙제를 하지 못한 아이는 모두 일어나라고 지시했다. 선생님의 말이 떨어지자 아이들 몇 명이 주춤거리면서 자리에서 일어섰다. 교실에 무거운 정적이 흘렀다. 아이들은 불안한지 손톱을 만지작거리다가 물어뜯는가 하면 부동자세로 꿈쩍도 않은 채 멍하니 서 있었다.

하루 종일 반복되는 검사와 꾸중. 그 속에서 아이들은 내내 선생님의 눈을 피했다.

수업 모습을 담은 화면을 다 보고나자, 줄곧 전문가의 지적에도 잘 모르겠다고 하던 정연우 선생님의 얼굴이 굳어졌다. 아이들의 긴장되고 불안한 표정이 그제야 눈에 들어왔다. 선생님은 지금까지 아이들은 학교에서는 정해진 수업을 듣고 교사가 정한 수업 목표를 배워야 하는 존재라고 생각해왔다. 10년 넘게 교직에 있으면서 찜찜하게 느꼈던 부분이 바로 이것이다. 교사로서 아이들을 제대로 가르쳐야 한다는 각오는 매 수업 시간마다 아이들의 공책을 검사하고 사소한 실수에도 꾸중하고 나무라게 만들었다. 검사와 꾸중이 반복되면서 검사와 꾸중 자체가 수업의 한 형태로 굳어지고 깨지지 않는 틀이 되었다. 정연우 선생님은 매번 엄격하게 검사하고 잘못을 지적하는 교사가 있는 한, 학교는 경직된 공간이 될 수도 있겠다는 생각을 스스로도 해봤다고 한다.

"선생님 머릿속에 교과의 내용이 먼저 들어오는 게 아니라 아이들이 먼저 눈에 들어와야 해요. 배움이 아이들 속에 있느냐가 중요합니다. 신념이 강한 교사는 좋은 교사가 되기 힘들다고 봐요. 그보다 더 중요한 것은 사랑이 넘치는 교사예요."

– 서길원 교장 선생님

선생님의 눈에서 눈물이 뚝뚝 떨어졌다. 안타까움의 눈물이었다. 아이들을 대하는 지금의 엄격한 태도는 그저 선택일 뿐이라고 합리화하고 외면했던 자신의 마음과 비로소 마주한 것이다.

신념이 강한 교사는 자신의 신념 속에 아이들을 대상화시킨다. 정해진 틀을 만들고 그 틀 속에 집어넣거나 들어가기를 강요한다. 이것은 교사 자신을 중심에 둔 잘못된 신념이다. 잘못된 신념은 통제가 지배하는 얼음장 같은 교실을 만들고 박제화 된 수업을 만든다. 그럼에도 교사는 신념을 사랑과 동일시한다. 신념을 가지고 하는 수업 행위를 자신이 아이들을 진심으로 사랑하고 있다고 착각하는 것이다.

물론 잘못된 신념이라고 하더라도 신념이 강한 교사는 좋은 교사가 될 가능성이 누구보다도 크다. 신념이 강한 교사는 대체로 굉장히 성실하기 때문이다. 지금은 잘못된 선택이었을지 몰라도 그 안에서 많은 걸 연구하고 수업에 실현하려고 노력하는 것이 담겨 있다. 이때, 잘못된 신념을 올바르게 잡아주기만 하면 스스로 변화해 나갈 수 있다.

정연우 선생님은 줄곧 고민하던 교사로서의 부족한 자부심과 가치를 못 느끼겠다는 생각이 어디서 비롯됐는지 이제야 이해됐다고 말했다. 나름의 규칙을 세워놓고 아이들을 검사하고, 선생님이 세운 규칙을 어겼을 때 약속을 지키지 않았다고 비난하고 화를 내던 자신의 모습에 그 해답이 있었다. 아이들의 상황은 전혀 보지 않고 규칙을 어긴 아이의 이유조차 들어주지 않고 귀를 막았던 모습, 그것이 정연우 선생님의 모습이었다.

자신도 모르게 강한 신념이 교사의 전부라고 생각하지는 않았을까? 신념이라는 이름 아래 스스로 세운 규칙과 틀을 보호한 나머지, 이제는 깨뜨리기 힘든 견고한 벽이 된 건 아닐까?

아이들에게 무엇을 가르쳐야 할 것인지를 알기 위해서는 먼저 교사 스스로 성찰하는 과정이 필요하다. 자신을 성찰하는 과정이 있어야 아이들을 이해하고 그 속에서 교사로서의 자부심을 느낄 수 있기 때문이다.

수업은 기술이 아니라 관계다. 그리고 수업에는 사랑이 있어야 한다.

전문가들의 객관적인 지적을 받아들인 선생님은 "그동안 정말 가치 있는 것을 잃어버렸다"고 했다. 지금까지 '이렇게 되는 게 낫지 않을까?'라는 생각으로 자신의 잘못된 행동을 합리화하고 아이들을 냉담한 태도로 대해 왔다는 것이다.

비로소 문제점을 깨닫고 아이들의 모습을 바로 볼 수 있게 된 선생님. 아이들과의 관계를 회복하고 교사로서의 가치를 찾기 위한 정연우 선생님의 도전은 계속 이어졌다.

가까이 더 가까이, 거리 좁히기

변화를 위한 미션의 시작

첫 번째 미션이 시작됐다. 전문가들은 토의 끝에 선생님이 수행해야 할 미션을 몇 가지 정해 선생님에게 전달했다. 한편으로는 간단하고 쉬워 보이는 미션이지만 처음 도전하고 실천해야 하는 선생님 입장에서는 부담스럽고 어색한 도전이기도 하다. 처음의 어색했던 미션이 미션을 수행하면서 익숙해지고 자연스러워지는 순간, 선생님과 아이들 앞에 놓였던 먼 거리가 한결 가까워지고 서로의 마음이 열릴 것이다. 선생님에게 주어진 1차 미션은 다음과 같았다.

1차 미션

1. 아침에 아이들과 악수하며 인사하기

   아침 시간에 하는 숙제 검사는 교과를 중시하는 선생님의 전형적인 모습이다. 숙제 검사로 아이들을 맞이하는 대신 따뜻한 인사를 주고받으며 아이들을 맞이한다.

2. 선생님 책상을 구석으로 옮기기

   교실의 가장 좋은 자리를 차지했던 선생님 책상을 가장자리로 옮기고 아이들의 공간으로 만든다.

미션 수행 첫날 아침. 선생님이 중앙에 있는 교탁 앞에 서서 아이들을 마주했다. "선생님이 여러분에게 부탁할 일이 하나 있는데 들어줄 거야?" 부탁이라는 말에 아이들이 호기심 어린 표정으로 선생님을 쳐다봤다. 선생님이 정중한 말투로 부탁을 한다니, 달라진 분위기에 아이들은 반색을 하며 "뭔데요?", "네!"라고 재빠르게 대답했다. 선생님은 미션의 첫 내용을 간단하게 소개한 뒤 교실을 두루 돌며 아이들과 손을 맞잡았다. 얼떨결에 악수를 하게 된 아이들은 그런 선생님과의 변화가 반갑기보다는 어색하고 편치 않은 눈치다. 무섭기만 한 선생님의 변화가 받아들여지려면 시간이 더 필요할 듯했다.

교실에서 일어난 뚜렷하고도 즉각적인 변화는 오히려 두 번째 미션에서 나타났다. 선생님의 책상은 항상 선생님의 고유 영역을 표시하듯이 교실 맨 앞 중앙을 차지했다. 그러다 보니 정작 수업의 주인공인 아이들의 공간이 사라져 발표를 하려면 가장자리로 가야만 했다. 선생님 책상이 아이들의 활동을 제약할 뿐 아니라 선생님과의 단절 통로가 되어버린 셈이다. 이제부터 교실을 원래 주인인 아이들에게 돌려줘야 한다. 그날로 선생님은 교감 선생님의 허락을 받고 맨 앞 중앙에 있던 커다란 책상을 창가로 옮겼다.

과연 얼음장 같았던 교실에 어떤 변화가 일어날까?

수업 시간, 한 아이가 선생님의 책상이 있던 교실의 맨 앞자리에 마련된 발표 의자에 앉았다. 반 친구들은 책상을 돌리지 않고 발표자의 얼굴을 마주했다. 발표자와 선생님과의 거리도 몇 뼘 되지 않을 만큼 가까워졌다. 더욱 놀라운 건 선생님의 반응이었다. 그동안 방관자처럼 멀찌감치 무표정하게 있었던 선생님이 이제는 발표하는 학생의 말에 귀를 기울이고 아이의 눈짓, 말 한마디에 반응하며 즉각적으로 피드백을 했다.

"아, 그래. 운동할 때는 말하지 말고 바로 나가야 되니까."

"은채가 오늘 솔직한 마음을 너희들에게 표현해줘서 선생님도 정말 고맙다."

선생님이 달라졌다. 아이들이 느꼈던 선생님과의 거리감이 어느새 확 좁혀지는 듯했다. 선생님은 수업 내내 아이들의 말에 귀를 기울이고

⋮ 선생님이 자리를 바꾸자 아이들과의 교감은 더욱 능동적으로 일어났다.

공감하고 솔직한 마음을 표현했다. 학생들 또한 선생님의 즉각적인 피드백이 기분 좋은 눈치다. 발표하는 내내 호응하는 선생님은 아이들의 든든한 지원군이 되어 주었다.

적절한 피드백은 수업의 필수 요소다. 핵심 주제를 잘 표현했는지, 말하는 의도를 잘 살려서 발표하고 있는지 말해주지 않으면 아이들은 그 과정에서의 오류나 부족한 부분을 잘 깨닫지 못한다. 그저 맞고 틀린 부분을 가려내는 게 아니다. 피드백을 함으로써 선생님과 아이들은 감정을 공유한다. 이러한 과정은 아이들의 학습 과정을 확장시켜줄 뿐 아니라 수업의 효율성까지 높여준다.

정연우 선생님이 맡은 초등학교 4학년은 자아가 조금씩 갖춰지는 시기다. 부모가 아무리 재촉하고 이번 시험이 중요하니까 열심히 공부하라고 강조해도 본인이 중요하다고 느끼지 않으면 딴청을 피우거나 부모의 말을 듣지 않는 시기다. 자신이 지금까지 이해하고 수용해온 규칙을 바탕으로 세상을 바로 보고 상황을 판단하고 스스로 결정하는 시기이니만큼 생활 속에서 책임의식을 갖추고 스스로 해결하려는 아이에게 힘을 주고 실질적인 피드백을 해줘야 한다.

또한 학습량이 많아지고 학습 난이도도 높아지는 단계이기 때문에 적절한 피드백을 하지 않으면 수행 과제를 포기하고 쉽게 좌절하는 아이들이 많아진다. 지식과 관련된 도움을 요구하지 않아도 아이들이 하는 좋은 이야기, 기발한 아이디어에 "좋은 의견이야" 하면서 공감하고 감탄하는 것만으로도 아이들에게는 학습에 대한 적절한 동기 부여가 되고 수업은 눈에 띄게 활기를 띤다.

아침 인사는 아이의 감정과 마주하는 시간이다

어느새 날이 풀리고 학교에도 봄이 찾아왔다. 학교를 오가는 학생들의 옷차림도, 교사들의 옷차림도 가벼워졌다. 한 달여의 시간이 지났다. 그동안 아이들과 선생님의 관계에도 변화가 찾아왔을까?

멀리서 학교에 출근하는 정연우 선생님의 모습이 보였다. 운동장을 내지르며 학교로 들어오는 선생님의 발 동작이 시원스럽다. 아직 교실 밖인데도 어디선가 아이들이 나타나 선생님 앞으로 다가섰다. 인사를 하는 아이들의 두 팔은 마치 안아달라는 듯이 쭉 뻗은 채다. 선생님도 얼굴 가득 웃음을 띠고 아이들을 품에 꼭 안아주었다. 이제 선생님은 학교에서의 하루를 아이들을 꼭 껴안고 아침 인사를 나누는 것으로 시작한다. 아이들은 선생님의 따뜻한 품에서 아침을 맞이한다.

교실로 들어와 차례대로 아이들과 포옹을 한 선생님이 교실을 한 바퀴 둘러보았다. 혹시 자신도 모르게 인사를 빼먹은 아이들이 있는지 확인하기 위해서다. 인사를 나누지 않은 아이를 발견한 선생님은 다정한 말과 함께 아이를 꼭 껴안아주었다. 이때 선생님이 자신을 봐주기를 기다리지 않고 선미가 다가왔다. 선생님을 꼭 껴안은 뒤 자기 자리로 가던 선미가 금세 돌아서서 다시 팔을 내민다. 이유인즉슨, 어제 선생님과 포옹을 안 했으니까 어제 것까지 오늘 한 번 더 해야 한다는 것이다.

사실 선미는 숙제 검사를 할 때마다 선생님께 무섭게 혼쭐이 났던 아이다. 처음 선생님과의 아침 인사를 시작했을 때만 해도 "어떤 사람에게는 포옹이 부담스러울 수도 있죠"라고 불편한 속마음을 거침없이 말하기도 했다. 쭈뼛쭈뼛하며 선생님과의 포옹을 어색해하고 다가오기를 꺼리던 아이는 이제 선생님이 보이면 먼저 다가와 선생님을 안아준다. 무서운 선생님이라는 오명을 쓰고 경직되기만 했던 아침 시간이었지만 이제는 달라진 아침 인사가 아이와 선생님의 닫힌 마음을 활짝 열어주었다.

이것은 자그마한 실천이 일궈낸 놀라운 변화였다. 작은 신체 접촉에 아이들은 열린 마음으로 먼저 다가왔고 열린 마음으로 인사했다. 그런 아이들이 주는 에너지는 선생님의 기대 이상이었다. 아이들의 순수한 에너지는 선생님이 그동안 알게 모르게 상처받았던 마음을 위로해주었고, 새로운 에너지가 되었다.

정연우 선생님처럼 차갑고 강한 인상을 가진 사람 중에는 내면이 여리고 따뜻한 사람이 많다. 마음은 그렇지 않은데 교실에 들어가기만 하면 차가운 사람으로 돌변했던 정연우 선생님. 선생님의 문제는 잘못된 관계 설정에 있었다. 수업 준비를 하고 수업 외에 교사로서의 업무를 수행하다 보면 하루가 빠듯하다. 교실에서 해야 될 일들, 학교에서 해야 할 일들을 차질 없이 해나가기 위해서는 우선순위를 정해 순서대로 해나가야만 한다. 그런데 이처럼 해야 할 일의 우선순위를 정해놓으면 그 순서가 틀어지지 않게 지켜야 하고, 아이들을 마주하는 순간에도 교사가 정해놓은 우선순위대로 지키기를 바라는 마음이 커진다. 그러다 보니 교사는 정한 우선순위대로 따를 것을 아이들에게 요구하고 스스로 만든 프로그램의 전달자로 전락하고 만다. 자신의 프로그램에 아이들은 공감할 거라고만 생각하고서 말이다.

실제로 미션 수행을 하는 선생님들과 함께한 워크숍에서 정연우 선생님은 따뜻한 감성을 유감없이 발휘했다. 여러 장의 카드 중에서 각 선생님들이 하나를 골라 내면의 감정을 알아보는 과정이 있었는데 정연우 선생님이 선택한 그림은 놀이터의 그네에 혼자 앉은 남자아이의 모습이었다. 전문가가 왜 이 그림을 골랐는지를 묻자 선생님은 "누군가가 이 아이한테 '너 무슨 일 있었니?' 하고 물어봐줬으면 좋겠어요"라고 대답했다. 혼자 그네에 앉아 있는 아이의 그네를 밀어주거나 혼자가 되지 않도록 교실에서 뭔가 해주었으면 좋겠다는 생각이다.

아이들의 상처를 모른 척하던 선생님에게서 나온 뜻밖의 말이었다. 선생님의 진짜 마음은 뒤처지고 아픔이 많은 아이들에게 따뜻한 관심을 갖고 위로하고, 필요할 땐 도움의 손길을 내밀고 싶었던 것이다. 하지만 어색하고 부끄러워 그동안 외면하고만 살았다. 그러던 선생님이 이제는 아침, 저녁으로 아이들을 안아주고 인사한다. 인사하는 시간이 쌓일수록 일대일로 아이들과 눈 맞춤을 하는 횟수가 늘어나고 눈 맞춤의 횟수가 늘어날수록 아이들을 깊이 이해하게 됐다. 이제는 굳이 말을 듣지 않아도 아이들과 맞잡은 손에서 그 아이의 일상을 읽어내기도 한다.

지난 3월, 정연우 선생님은 무서운 얼굴로 아이들을 두려움에 떨게 하는 대상이었다. 말도 필요 없었다. 손짓 하나면 교실은 얼음이 됐다. 선생님의 얼음 같은 표정은 획일화된 규칙을 지키게 하고 효율적으로 수업을 할 수 있었지만 아이들의 마음을 어루만지지는 못했다. 그러던 선생님이 이제야 얼음 속에 숨어 있던 따뜻한 마음을 드러내고 아이들에게 성큼 다가섰다.

> "정연우 선생님은 내면의 연약한 모습에 대해 매우 엄격한 성향이 있습니다. 약해지면 안 된다고 생각해서 자신에게 보다 강해지도록 요구하고 힘든 마음을 잘 인정하지 않는 것이지요. 자신의 다양한 감정을 이해하고 표현하는 과정을 통해서 아이들의 감정을 이해하는 폭도 넓히실 수 있으리라고 기대를 했습니다."
>
> — 신을진 교수

변화는 또 다른 변화를 낳는다. 선생님이 달라지면 아이들도 달라진다. 정연우 선생님이 달라지자 반 아이들은 선생님보다 더 큰 폭으로 달라졌다.

찰흙 도시 만들기 시간. 제각각 찰흙 덩이를 손에 쥔 아이들이 찰흙을 조물조물거리며 자신이 원하는 도시를 만들기 시작했다. 그 속에서 선생님은 끊임없이 아이들에게 다가가 웃어주고 칭찬을 했고, 굳은 표정이었던 얼굴에는 제비꽃 같은 웃음이 피어났다. 또 아이들은 재잘재잘 말하기를 주저하지 않았다.

예전 모습과 지금의 달라진 모습을 비교하는 선생님도 이것저것 많은 생각이 드는 모양이다.

"아이들을 그렇게 통제할 필요가 없었구나. 그렇게 하지 않아도 그냥 이루어질 만한 것들을 지레 짐작해서 너무 빨리 통제했구나. 그걸 확실하게 알게 됐어요. 필요 없는 걸 왜 했는지 지금에 와서는 그때 내가 왜 그랬을까 생각해요."

선생님은 지금의 변화 속에서 자신이 상상했던 것 이상의 따뜻함을 느낀다고 했다. 아이들이 점차 안정되고 따뜻한 기분을 느끼면서 선생님과 아이들의 관계도 그만큼 따뜻해진 느낌을 받는다는 것이었다. 지켜보는 사람들마저 따스함이 감도는 듯했다.

좋은 수업은
아이들과 마음을 나누는 것이다

선생님만의 좋은 수업을 만들다

1차 미션을 성공한 후 2차 미션이 정연우 선생님에게 전달됐다. 이번 미션은 그전보다 강도가 높다. 미션을 읽는 선생님의 표정이 사뭇 심각해졌다.

2차 미션

1. 아이들 말 호응하고 받아주기 〈공감〉

2. 상처받은 아이들 마음 씻어주기

3. 나만의 좋은 수업 만들기 〈프로젝트 접근법〉

첫째, 둘째 미션은 이미 1차 미션에서 어느 정도 수행된 터라 어렵지 않을 것이다. 이번 2차 미션의 핵심은 선생님만의 좋은 수업을 만들어가는 세 번째 미션에 있었다.

전문가들이 선생님만의 좋은 수업 만들기를 위해 제안한 프로젝트 접근법The Project Approach은 아직 우리나라에서는 낯선 교수법이다. 한 주제에 대해 문제에 대한 정답을 찾는 게 아니라 교사와 학생, 또는 또래 학생들이 참여해 공동으로 연구하는 협동 학습으로, 학교에서의 학습과 아이의 삶이 분리되지 않도록 교육을 실제생활과 연결시키는 게 가장 큰 특징이다. 아이들은 프로젝트 수업을 통해 다양한 경험을 하고 자기주도적으로 학습을 한다. 만화영화, 경찰관, 소방서 등 다양한 주제 중에서 관심 있는 주제를 선택해 공동으로 탐구하고 실험하고 자료를 구성해 발표하는 수업이다. 의사소통 능력과 발표력을 갖춰야 하며 효과적인 의사소통 능력과 기술을 갖추고 있지 않으면 열심히 노력한 결과가 한순간에 무너질 수 있으므로 구성원들끼리 충분히 상의하고 협업해야 한다.

최근에 한 교육청이 창의적 인재를 기르기 위한 학습법 중 하나로 프로젝트 학습을 제안하는 기사가 나기도 했다. 지금의 단편적 지식 암기 위주의 정답 맞추기 교육, 경쟁 교육으로는 창의적 인재를 양성하기 어려운 교육 현실에 비춰보면 프로젝트 학습은 구시대의 교육을 대체할 강력한 미래 학습법으로 떠오를 것이다.

프로젝트 학습법은 아이들을 통제하고 지식을 전하는 수업이 주를 이루었던 선생님들에게는 기존의 수업 방식을 대대적으로 바꿔야 하는 아주 어려운 학습법이다. 프로젝트 수업의 핵심은 자율성에 있기 때문에 선생님은 지시자가 아니라 관찰자이자 필요할 때 도움을 주는 멘토의 역할을 해야 한다. 아이들과 선생님의 관계는 수직적 관계가 아닌, 수평적 관계다. 위에서 내려다보는 위치에 있던 선생님이 아이들의 눈높이로 내려와 아이들 사이에서 일어나는 이야기를 듣고 과정을 관찰하려는 매 순간의 노력이 필요하다.

빠르게 1차 미션을 수행했던 정연우 선생님은 이번에도 쉽게 성공할 수 있을까? 새로운 미션을 받은 이후, 정연우 선생님은 책상에 앉아 있는 시간이 길어졌다. 책을 읽으면서 바삐 필기하는 선생님의 손놀림이 분주해졌고 갈수록 선생님의 얼굴 또한 심각해졌다. 좋은 수업을 만들기 위한 프로젝트 학습법이 어떤 이론에서 출발했는지 책을 보고 연구하는 건 그리 쉽지만은 않은 또 하나의 도전이다. 늘 웃음꽃을 피우던 선생님이 예전의 심각한 표정으로 돌아갔고, 얼굴에는 피곤함이 묻어나왔다.

전문가들의 바람과는 정반대로 '좋은 수업 만들기'에 몰두하면서 선생님의 태도도 이상해졌다. 어디가 불편한지 어깨를 까닥까닥하던 선생님은 한 학생이 공책 검사를 맡으러 오자 건성건성 공책을 보고는 돌려보냈다. 아이와는 일절 눈도 마주치지 않은 채 자신의 일에만 열중했다. 수업 분위기가 다시 옛날로 돌아가자 한동안 어리둥절해 하던 아이들은 다시 선생님의 눈치를 보기 시작했다. 재잘재잘 활기차던 교실에

정적이 흐르고, 아이들은 다시 시무룩해졌다. 무시무시했던 선생님의
옛날 버릇도 다시 튀어나왔다.

"컴퍼스 없는 친구들이 많네! 이래 갖고 공부가 되겠어?"
"유현아, 선생님이 뭐라고 했어?"

예전보다 한결 누그러진 말투였지만 몇 달 전으로 돌아가 지적하고
꾸중하는 일이 늘어났다. 그러한 변화를 느낀 것은 아이들만이 아니었
다. 선생님도 느끼기는 마찬가지였다.

〈선생님의 미션 일지〉

오늘은 시험 치는 날, 시험 친다고 진지하게 있었더니 웃는 것이 잘 안
된다. 중간에 사소하게라도 칭찬할 수 있었을 텐데…. 시험 준비하느
라 수고했다고 위안을 삼는다. 그러고 보니 마음 나누기도 안했다.

아이들이나 나나 시험만 생각하다 보니 아이들도 당연히 안 한다고
생각했나 보다. 다른 건 다 귀찮아 한 하루, 시험이 과연 의미 있는 일일
까. 좀 엄하게 말했더니 재윤이가 미션은 언제부터 하냐고 묻는다. 사실
(미션) 수행 중인걸. 잘 안 되는 것 같으면 얘기하라고 했더니 알겠다고
한다. 아이들이 나보다 더 내 미션에 관심이 있는 것 같다. (중략)

좋은 수업은 교실 안에서, 교과서에 적힌 글과 내용 안에서 이루어지는 것일까? 이름을 안 부르는 시간이 많아지고 선생님은 뭔가 부족하다는 느낌이 계속 들었다. 좋은 수업을 찾아 헤매는 사이, 아이들과 점점 멀어지고 있었다. 정말 좋은 수업이란 무엇일까?

무척 행복해 보였던 선생님의 어깨가 무거워 보이기만 했다. 좋은 수업 만들기에 대한 선생님의 고민도 더불어 깊어진 듯했다.

좋은 수업의 핵심은 좋은 관계 만들기

좋은 수업 만들기는 책에 나오지 않는다. 책에 나오는 이야기는 그 선생님들의 환경에 적합한 특수 상황일 뿐, 모든 상황에 들어맞지는 않기 때문이다. 아무리 책을 많이 읽어도 자신에게 맞는 좋은 수업 만들기 방법은 정답처럼 주어지지 않는다.

좋은 수업은 생각보다 어려운 도전이 아니다. 특별한 방법이 있는 것 또한 아니다. 단 한 가지, 아이들과 선생님이 즐거우면 그것으로 좋은 수업이다. 아이들과 선생님이 즐거워지려면 아이들 세계에 선생님이 들어가야 한다. 어떻게 보면 그건 선생님만이 누릴 수 있는 행복이자 특권이기도 하다. 아이들 세계로 들어가는 방법을 모르겠다면 교실에 있는 아이들의 흔적을 찾아보는 것만으로도 충분하다. 아이들의 책상을 한번 들여다보자. 책상 서랍 속에는 그 아이의 이야기가 넘칠 만큼 쌓여 있다. 조용하게 자기가 할 일은 하지만 여러 가지 이유로 자신감이 부족하고 위축돼 선생님께 마음의 표현을 잘 못하는 친구도 있고, 선생님이 잘 인정해주지 않아서 마음의 상처를 받은 친구도 있다. 노트에 그린 낙서 하나하나, 글씨 하나하나가 아이들의 마음이요, 표정이다.

아직 손이 많이 가야 하는 아이들인데 좋은 수업 찾기에 몰두하는 사이 아이들의 세계가 있다는 것을 또 놓쳤다. 낙서를 보면서 그들의 세계를 들여다보고 쓰다듬는 것을 소홀히 했다는 후회가 들었다. 있는 힘껏 안아주어야 할 손을 놀렸다는 아쉬움마저 들었다. 결국 선생님이 그토록 찾던 좋은 수업의 비밀은 '관계'에 있었다.

떠들썩한 교실 한가운데 선생님과 아이들이 옹기종기 모여 있다. 무릎을 꿇은 선생님이 아이들에 가려 잘 보이지 않는다. 선생님은 한창 선호와 눈을 맞추며 무언가를 말하고 있다. 선생님이 선호의 손을 잡고 손톱을 깎아주기 시작했다. 토각토각, 얌전히 선생님께 손을 내맡긴 채 선호는 자기 손을 바라보느라 여념이 없다. "아, 깨끗해졌다. 마음에 들어?" "에이, 몰라요." 말하는 선생님도 대답하는 선호도, 두 사람을 지켜보는 학생들의 얼굴에도 웃음꽃이 피어났다.

부지런한 선생님은 뒤이어 흐트러진 소영이의 머리카락을 빗겨 양갈래 모양으로 묶어 주었다. 오늘 아침에는 자신이 직접 묶는 바람에 머리가 이상하게 묶였다고 말하는 소영이의 표정이 스스럼없다. 이를 지켜보던 수미가 자신의 머리도 빗겨달라며 다가왔다. 선생님은 수미의 머리를 빗겨주고 수미는 앞에 있는 채원이의 머리를 빗겨주고…. 세 사람의 진지하면서도 조심스럽게 빗질하는 모습이 왠지 닮았다.

전문가의 코칭을 듣고 선생님이 찾은 해답은 간단했다. 반 아이들 스물다섯 명의 엄마 되기! 좋은 수업을 위해 고민하는 시간으로 아이들을 외면하는 대신 아이들과 눈을 맞추고 관계를 쌓는 것이다.

좋은 관계는 몸을 치유하고 마음을 치유하는 힘이 있다. 선생님도 경험으로 그것을 잘 알고 있다. 선생님을 거쳐간 아이들은 말로, 편지 한 장으로 고마움을 표현했다. 이 아이들을 대하는 선생님의 마음도 특별하다. 고맙다는 말이 의례적일 수도 있지만 특별한 관계를 맺은 아이의 고맙다는 말은 그 의미가 남다르게 다가온다. 진심이 담긴 편지라는 것을, 마음의 움직임이 있어야만 나올 수 있는 글이라는 걸 알기 때문이다.

교사의 작은 행동이 아이의 마음을 움직인다는 사실을 선생님도 잘 알고 있었다. 마음이 불안한 아이에게 네가 잘해야 한다고, 학교생활에 소홀히 하지 말라고 강요하거나 교훈만을 주려고 하면 그것은 고통과 스트레스를 이겨내는 힘이 아니라 부담감으로 작용한다. 따뜻하게 위로받고 싶은 시기에 강요보다는 그 마음을 그대로 받아주려고 하는 것이 교사의 역할이자 의무다. 선생님은 수업을 통해서, 또한 수업 외적으로도 아이들을 이해하고 배려하고 공감하면서 교사로서의 역할을 이어가고 가치를 찾아나가야 한다.

야외 수업 시간. 책을 들고 운동장에 나왔다. 모둠끼리 모여 책에서 배운 것을 확인해보자는 선생님의 말이 끝나기가 무섭게 아이들은 모둠을 짜서 아이들끼리 국어 읽기 시간에 배운 전통놀이에 대한 글을 읽고 직접 실연했다. 오늘 책에서 읽은 전통놀이는 '비석 치기'. 일정한 거리에서 조그마한 돌을 던져 상대의 비석을 넘어뜨리는 놀이다. 정연우 선생님도 아이들 속에 들어가 비석을 던지지만 턱도 없다. 한 아이도 연달아 던지지만 계속해서 빗나가고 아쉬운 표정이 역력하다. 선생님이 달라지자 아이들이 뛰고 웃고 소리친다. 그리고 아이들은 스스로 배운다.

앞으로도 고민하고 실천하고 많은 시행착오를 겪고 바꿔나가면서 선생님은 본보기가 되는 수업을 해나갈 것이다. 이와 같은 정연우 선생님의 힘은 한 사람이 아니라 제2, 제3의 정연우 선생님이 나타나면서 우리 교육을 변화시키는 큰 힘이 될 것이다.

점차 달라지는 아이들

6개월의 프로젝트가 끝나고 전문가들과 정연우 선생님이 오랜만에 한자리에 모였다. 선생님은 처음 프로젝트를 시작하며 말했던 교사 생활을 하면서 잃어버렸다던 그 가치를 찾았을까? 조심스럽게 전문가들이 물어보자 정연우 선생님이 잠시 생각하더니 조용하게, 하지만 확신에 찬 소리로 "네"라고 대답했다. 과연 선생님이 찾은 가치는 무엇일까?

"아이들과 같이 소통하는 것, 같이 마음을 나누는 것"

선생님이 찾은 가치는 선생님을 변화시키고 아이들을 변화시켰다. 그리고 교실이 달라졌다. 아이들의 선생님에 대한 이미지는 선생님을 그려보라는 제작진의 주문을 받고 그린 그림에서도 여실히 나타났다. 머리에 뿔이 달리고, 뾰족한 송곳니가 튀어나온, 무서운 표정으로 선생님을 기억했던 아이들은 어느새 선생님에게 환하게 웃는 얼굴을 붙여주었고, 천사 날개를 달아주었다.

무언가의 변화는 저절로 이루어지는 것이 아니다. 아이들이 먼저 달려오고 닫힌 마음을 열기 위해서는 그만큼 선생님의 노력이 필요하다. 그 사이 교실 한 자리에는 색 깔판이 늘었다. 아이들이 편하게 눕고 뒹구는 일종의 쉼터다. 깔판 위에서 선생님이 그림책인 돼지책을 열심히 읽어주면 아이들은 그 주위에 옹기종기 둘러앉아 귀를 쫑긋 세우고 눈을 반짝반짝 빛내며 듣는다. 선생님은 키를 낮춰 아이들과 눈을 맞추고 글 하나, 그림 하나도 소중하게 본다.

선생님의 행복이란, 교실에 사는 선생님이 행복해야 아이들도 행복하다는 것이다. 선생님이 생각한 그 변화의 핵심은 아이들을 바라보는 마음의 변화였다. 그로 인해 아이들이 바라보는 눈빛이 달라졌다. 노력은 어느 한 순간이 아니고 끊임없이 계속되는 진행형의 싸움이다. 정연우 선생님은 때로는 아이들과의 아침 인사가 귀찮을 때도 있었지만 억지로 힘을 내서 아이들을 위해 이를 악물고 하기도 했다고 실토했다. 이처럼 고민하고 무언가를 실천하는 과정 속에서 관계 회복을 위한 팁을 얻고 진정성에 다가가는 계기가 되었다.

시간이 흘러 그러한 노력의 과정들이 축적되면 아이들은 선생님을 배반하지 않고 오롯이 '믿을 만한 사람'으로 선생님을 인정해준다. 그리고 아이들은 선생님과의 다음을 기대한다.

아이들은 선생님의 모습을 어떻게 그렸을까? 화내는 악마에서 웃고 있는 천사로 선생님을 바라보는 아이들의 시선이 확 달라졌다.

아이의 감정은 받아주되 행동은 고쳐주세요
– 통하지 않는 아이를 위한 감정코칭 5단계

정서적으로 가장 풍요로운 시기인 어린이와 10대 청소년이 일상 생활에서 가장 많이 쓰는 말이 "짜증 나!"이다. 부모나 교사는 아이의 말뜻에 담긴 복합적인 정서를 이해하기보다는 아이의 부정적인 감정을 나무라다가 서로 얼굴 붉히기 일쑤다.

미국 워싱턴주립대학교 존 가트맨 박사는 아동과 청소년의 정서 지능에 주목하면서 '감정코칭'을 제시했다. 감정코칭은 아이의 감정은 있는 그대로 받아주되 행동은 고쳐주는 상담 방법이다.

감정코칭 5단계

〈1단계 : 감정 포착하기〉

감정코칭은 아이가 감정을 보일 때 이뤄져야 하므로 평소 아이의 감정을 파악하는 연습이 필요하다. 아이의 감정을 포착하는 건 생각보다 어렵다. 게다가 아주 작고 사소한 감정까지 표정에서 읽어내기는 아주 어려운 일이다. 실제로 아이들의 얼굴을 확대한 사진을 늘어놓고 각각의 감정을 맞추는 연습을 할 때 아이 표정을 제대로 읽지 못하는 선생님이 많았다고 한다.

모든 감정을 읽는 건 불가능하겠지만 어느 정도는 대화를 통해서 감정을 포착할 수 있다. 감정이 잘 파악되지 않을 때는 "기분이 어땠어?" 하고 열린 질문으로 아이의 대답을 유도해본다. 단, "지금 화 났어?"와 같이 "네", "아니오"로 끝나는 단답식 질문은 피해야 한다.

〈2단계 : 감정 개입하기〉

아이들은 너무 화가 나거나 감정이 격해져 있을 때가 많다. 강한 감정을 표현하면 부모나 교사는 "어디서 화를 내!"라고 나무라거나 "뭐, 저러다 말겠지!" 하고 모른 척 지나치는데, 아이의 감정을 회피하면 어른에 대한 신뢰도 무너진다. 너무 슬퍼서 운다거나 분노로 감정이 격해져 있다는 건 지금 어떻게 해야 할지 모르겠다는 감정의 신호다. 오히려 감정코칭을 할 수 있는 좋은 기회이므로 아이에게 적극적으로 다가가야 한다.

〈3단계 : 감정에 공감하기〉

감정코칭의 핵심 과정으로 아이가 느끼는 감정을 이해하고 인정해주는 단계다. 긍정적 감정뿐 아니라 부정적 감정도 모두 공감해주는 게 감정코칭의 포인트다. 화를 내거나 욕을 하는 등 부정적인 감정을 나타내면 "그런 욕 하면 나빠"라든가 "화 내지 마! 말로 해!"라고 평가하거나 훈육부터 하는데, 그 전에 아이의 감정부터 수용하고 공감해줄 수 있어야 한다.

〈4단계 : 감정 표현하기〉

아이가 감정을 표현하고 정리할 수 있도록 도와주는 단계이다.

아이가 현재 느끼는 감정을 정확하게 파악하는 것이 중요하다. 감정을 느끼는 것은 우뇌인데, 우뇌에서 감정을 느끼고 신호를 보내면 좌뇌는 어떻게 대응할지를 준비한다. 그러므로 아이 스스로 어떤 감정인지 정확하게 아는 일은 감정을 처리하기 위해서 꼭 필요하다.

아이의 감정이 가라앉으면 그때에는 여러 가지 질문을 해 아이의 말을 들어보자. 초등학생의 경우 "왜 화 났어?"와 같은 질문은 적절치 않다. "왜?"라는 질문은 인지적 사고를 요구하기 때문이다. 중 · 고등학생의 경우 질문에 대해 논리적으로 대답할 수 있지만 초등학생의 경우 아직까지 논리적으로 대답하기 힘들다. 그럴 때는 왜 대신 "무엇"과 "어떻게"를 사용한다. 이를테면 "무엇 때문에 화났어?"라고 물으면 아이도 "친구가 툭 쳐서 기분이 나빴어요"와 같이 대답이 쉽게 나온다.

아이들은 화가 날 때, 두려울 때, 슬플 때, 시기를 할 때 이를 제대로 표현하지 않고 대개 "짜증 나!"라는 한마디로 자신의 감정을 표현한다. 아주 복잡한 감정이 함축적으로 짜증난다는 말로 표현된 것이다.

그럴 때는 아이 감정을 충분히 공감해준 다음에 기분을 묻는 게 좋다. 그러면 아이도 자신이 아는 언어로 자기 기분을 설명할 것이다. 그때 아이가 느끼는 감정이 억울함인지, 두려움인지를 알려준다. 아이 감정에 정확한 이름을 붙여주는 셈이다. 이처럼 아이의 정확한 감정을 알려주면 아이는 자기만이 느끼는 이상한 감정이 아니라는 사실을 알고 안도하면서 편안하게 받아들인다.

함께 해결책을 모색하는 과정이다. 부모나 교사는 아이가 스스로 문제를 해결할 수 있도록 최소한의 기준과 한계를 정해준다. 화난 감정 자체는 공감하지만 욕을 해서는 안 된다는 식으로 말이다.

단, 어른 잣대에서 옳다, 그르다를 판단하고 강요하지는 말자. 판단은 전적으로 아이 몫이다. 설령 잘못된 선택이라고 해도 그 선택을 지지하고 존중해줘야 한다. 만약 실패를 하더라도 아이는 실패 경험을 통해 배우기 때문이다. 교사나 부모는 이렇게 하라는 둥, 저렇게 하라는 둥 지시하기보다는 "무엇을 원하니?", "어떻게 할까?", "할 수 있겠어?", "그 방법이 옳다고 생각하니?" 등으

로 묻는다. 아이가 생각하지 못한 방법을 귀띔해서 선택의 폭을 넓혀주는 것은
좋다. 실패를 하더라도 아이는 그 경험을 통해 책임감을 배운다.

배움의 가치를 발견하는 특별한 수업

아이들 스스로 발견하는 공부의 즐거움

스스로 공부하지 못하는 아이들

국제학업성취도 평가 비교연구의 2009년 보고서를 살펴보면 우리나라의 학생들은 OECD 회원국 가운데 읽기 1~2위, 수학 1~2위, 과학 2~4위로 성적만을 보면 모두 최상위권에 있었다. 전체 65개국 · 도시를 비교한 결과에서도 우리 학생들은 읽기 2~4위, 수학 3~6위, 과학 4~7위로 최상위권을 기록했다. 하지만 자기주도학습능력 순위는 꼴찌에 가까운 58위를 기록하고 말았다. 읽기 소양 부문의 흥미 · 즐거움 지수도 65개국 가운데 28위였다. 결과를 종합하면, 우리나라 학생들은 흥미도 없는 공부를 하면서도 성적은 최상위권을 유지하기 위해 고통스러워하고 있다는 뜻이었다.

조사 결과가 우리나라 교육계에 끼친 파장은 꽤 컸다. 언론에서는 우리나라 학생들의 부족한 '자기주도학습능력' 에 대해 보도했고 많은 학부모들이 그 중요성에 대해 큰 관심을 갖기 시작했다. 교육과학기술부가 2011년 외국어고, 과학고, 국제고 등에 입학생 선발을 위해 자기주도학습전형을 도입하자, 많은 수의 학생과 학부모가 '자기주도학습' 방법을 가르쳐주겠다는 학원의 문을 두드리는 웃지 못할 상황에 놓이기도 했다.

자기주도학습에 정형화된 특별한 비결이란 있을 수 없다. 다양한 방법으로 시도한 경험을 통해 스스로 깨달음을 얻는 것을 즐기는 과정이라 개인에게 맞는 나름의 방식이 있기 마련이다. 특별한 책을 본다거나 생활 습관을 갑자기 바꾸는 등의 꼼수로 얻어지는 것도 아니다. 하지만 우리나라의 입시제도 속에서 마음이 조급해진 학생들은 자기가 '주도하여' 공부하는 법을 다른 사람에게 속성으로 배우러 다닌다.

다른 사람이 선택해주는 인생을 사는 아이들

좋은 교육은 배우는 학생이 행복해야 한다. 우리나라 교육 제도가 뭔가 잘못되었다고 단언할 수 있는 이유는 학생들이 행복하지 않기 때문이다. 공부를 해야 한다는 의무만 있을 뿐 자신의 인생에 대해 선택할 권한은 사실상 가지지 못한 아이들이 행복할 리 없다.

자녀의 주위를 헬리콥터처럼 빙빙 돌며 입시·취업 등 중요한 사안을 일일이 챙겨주는 엄마를 일컫는 '헬리콥터맘**Helicopter Mom**'이 경제용어사전에 신조어로 등록되며 세간의 관심을 모으는 일이 있었다. 자녀가 초등학생일 땐 숙제와 친구를, 중·고등학생일 땐 입시를, 대학을 졸업해서는 취업을 챙긴다. 대학교 수강신청을 대신하거나, 자녀 대신 결혼정보업체를 찾아다니며 자녀의 결혼 상대자를 고르는 데까지, 언론 보도를 통해 접하는 헬리콥터맘의 활약은 대단했다.

최근에는 아예 직접 학원을 다니고 숙제를 해주며 자녀의 학습 커리큘럼을 짜는 등 교육 매니저 역할을 하는 '매니저맘'으로 진화했다고 한다. 이들은 각종 글쓰기 수업, 논술교육 지도자 과정, 영어교육 전문가 과정 등 자녀 교육을 위해 직접 수업을 듣는다. 평일 오전 강남 지역 카페에는 '강남 엄마'들의 스터디 모임이 곳곳에서 열린다. 그래야 요즘 애들의 어려운 숙제를 봐주고, 성적을 관리할 수 있기 때문이다.

미국의 인기 부모교육 강사, 제인 넬슨과 쉐릴 어윈이 쓴 베스트셀러 『넘치게 사랑하고 부족하게 키워라』의 원제는 '지나치게 사랑하는 부모**Parents Who Love Too Much**'다. 자녀 사랑이 조금 넘친다고 무엇이 문제일까 싶지만, 무엇이나 지나치면 모자란 것보다 못한 법이다. 부모가 나서서 자녀들의 곤란한 상황을 해결해줄 때마다 자녀들은 주체적인 삶과 멀어진다. 자신의 문제를 자신이 책임지고 해결하는 능력은 나이를 먹는다고 자연히 생기는 것이 아니다.

주체성과 자율성을 잃은 학생들은 인생에서 중요한 선택을 할 때마다 부모님이나 선생님의 의견을 따르거나, 사회에서 일반적으로 바람직하다고 여겨지는 것을 고른다. 자신의 바람보다는 타인의 기대에 부응하는 것이 선택의 중요한 기준이다. 자신이 진정으로 원하는 것이 무엇인지 모른 채 남들이 결정해주는 대로 살아가는 삶은 결코 행복하지 않을 것이다.

자율성을 길러주는 학교

다양한 경험은 꿈을 탐색하는 과정에서 꼭 필요한 일이다. 그런데 치열한 입시경쟁에 발 묶인 학교에서 학생들이 선택할 수 있는 경험의 종류란 무척 한정돼 있다. 계속되는 학교 폭력과 왕따 문제도 심각하다.

그래서인지 대안학교에 대한 관심이 다시 뜨겁다. 일반학교에서 받아주지 않는 문제 학생들이 가는 곳이라는 편견은 옛말이 되었다. 학생들의 인권과 개성을 존중하는 전인교육을 펼친다는 인식이 퍼지면서 오히려 다양한 경험과 존중받는 교육을 원하는 학생들이 꿈을 찾기 위해 대안학교를 찾는다.

대안학교에서는 입시 위주의 공부는 물론 하지 않는다. 그렇다고 국어, 영어, 수학 등의 교과목이 아예 없는 것은 아니다. 다만 농사, 목공예, 도예, 미술, 음악 등 다양한 체험 학습과 특성화 교육이 병행되는 것이 특징이다. 학생들은 학교 안에서 자신에게 어떤 재능이 있고 무엇에 관심 있는지를 스스로 깨우치고 주체적으로 자신의 미래를 결정한다. 학교에 선생님들이 계시지만 누구도 학생들에게 공부를 열심히 하라든가 대학을 꼭 가야 한다는 등의 강요를 하지 않는다.

국내의 대표적인 대안학교인 '간디학교' 졸업생 중에 서울대 법대 합격생이 나오면서 큰 화제를 모은 적이 있었다. 떠들썩한 여론과는 달리 간디학교 내에서는 이 일이 특별하게 여겨지지 않았다. 매년 간디학교 졸업생의 70%는 대학에 진학한다. 서울대 법대에 진학한 학생은 그중 한 명일 뿐이었다. 나머지는 소신껏 대학에 가지 않고 사회에 진출한다. 그들이 스스로 선택하는 진로는 NGO 활동가, 농부, 목수, 디자이너, 음악가 등 매우 다양하다. 명문대 진학에 성공했느냐보다, 그 학생에게 진정으로 맞는 길을 갔느냐가 평가의 유일한 잣대가 된다. '남의 눈에 어떻게 보이는지를 신경 쓰지 말고 내 인생을 당당하게 꾸려 나가는 자유인이 돼라'는 학교 철학처럼 간디학교의 학생들은 자신들의 선택에 대해 전적으로 신뢰받는다.

간디학교의 '기다려줄 줄 아는 교육방식'은 입시경쟁에서 뒤처졌다는 이유로 냉대 받거나 학교 폭력으로 상처 받은 아이들에게 큰 힘이 되었다. 처음 몇 달간 학생들이 수업 시간에 들어오지 않고 학교 근처 숲 속을 헤매며 방황하는 일도 허다했다. 일반 학교였다면 어떤 식으로든 제재를 받았을 일이지만 간디학교 선생님들은 함부로 훈계하거나 잔소리하지 않는다. 대신에 닫혀 있는 마음의 물꼬를 터줄 치유수업을 개설하고 그 과정을 지켜봐주는 것이 전부다. 마음을 다친 아이들에게 꿈과 열정을 강요하는 것은 아무 소용도 없다는 것을 잘 알고 있기 때문이었다. 스스로 움직일 마음이 들 때까지 기다려주는 것이야말로 학생들의 자율성을 회복하는 가장 효과적인 방법임을 선생님들은 잘 알고 있다.

자신들을 닦달하지 않고 조용히 지켜봐주는 선생님들의 관심과 대자연 속에서 서서히 마음이 치유된 아이들은 자연스럽게 공동체 안으로 들어와 친구들과 어울리며 새로운 학교생활에 적응하게 된다.

"재미있으니까 열심히 하죠"

간디학교의 수업은 재미있다. 이것이 학생들이 학교 수업에 열성적으로 참여하게 되는 가장 큰 원동력이다. 학교 수업은 최대한 학생들의 뜻을 반영해서 진행된다. 어떤 학생은 하루 종일 수업이 있지만 다른 학생은 그날 수업이 아예 없다. 자신이 원하는 시간에 원하는 수업을 신청해서 듣기 때문이다.

암기식·주입식 수업이 대부분인 일반학교와는 달리 친구들과 토론을 벌여 문제를 해결하거나 자체적인 실험이나 창작 활동이 포함된 수업이 많다. 수업 참여도와 만족도는 상당히 높은 편이다. 또한 2·3학년 학생들 가운데 자원자가 수업을 개설하고 교사가 되어 다른 학생들을 가르치는 '학생 개설 수업'도 있다. 공부하고 싶은 분야가 있는데 이와 관련된 수업이 개설되지 않은 경우에는 스스로 한 학기 수업 계획서를 작성하고 멘토 교사가 수시로 피드백을 진행하는 개인 개설 수업도 학점으로 인정한다. 다양한 수업방식은 학생들에게 자발적으로 공부하고자 하는 강한 동기를 부여한다.

가장 주목할 부분은 이 학교에서 실시되는 시험이다. 수학이나 영어처럼 시험이 필요하다고 판단되는 과목은 중간평가와 기말평가 기간을 두고 시험을 본다. 다만 일반 학교처럼 등수를 매기거나 시험 성적을 공개하는 일은 결코 없다. 시험은 자신이 배운 것을 점검하고 다음 분기 학습 계획을 스스로 세울 수 있도록 참고하기 위한 수단으로 사용될 뿐이다. 바로 이 점 때문에 학생들은 그동안 일반 학교에서 공부 때문에 받았던 모멸감이나 열등감을 극복한다. 내가 잘해내지 못하더라도 아무도 자신을 비웃거나 평가하지 않는다는 것을 알게 된 학생들은 보다 적극적인 자세로 수업에 참여하며, 더 나아가 자신이 하고 싶은 공부에 도전하는 용기를 가진다. 평가에서 자유로워진 학생들은 자신감과 모험심이라는 날개를 달고 자신의 꿈을 찾기 위한 여정에 기꺼이 동참한다.

다양한 대안학교의 학생들과 졸업생들이 입을 모아 하는 말은 '자율성을 존중해주는 학교 분위기가 너무 좋았다'는 점이다. 대안학교에서는 하기 싫은 일을 일방적으로 강요하지 않고 단체생활에 필요한 모든 의사결정은 학생회의를 통해 해결한다. 학생들이 정하는 규칙이니, 내용이 허술할 것이라는 우려와는 달리 '교내에서 담배를 피워서는 안 된다'와 같은 규율이 대안학교에도 비슷하게 존재하는 경우가 많이 있다.

차이가 있다면 스스로가 정한 규칙이니만큼 아이들 스스로 규율을 지키려고 노력한다는 점이다.

아이들의 자율성과 학업에 대한 의지가 있어야 참된 수업이 이루어질 수 있다는 인식이 세계적으로 확산되는 추세다. 유럽의 교육 전문가들은 아이들의 마음속에 얼마나 많은 호기심이 자리하고 있느냐에 따라 학업 성과가 다르게 나타난다고 말한다. 그 호기심을 심고 키워주는 것이 학교와 학부모의 몫이다. 그래서 유럽의 대안학교들 역시 대체로 학생들이 '놀이'를 통해 자연스럽게 학습에 흥미를 갖도록 하는 수업 방식을 고수한다. 가정에서 부모는 아이들이 최대한 자유로운 분위기 속에서 다양한 경험을 하고, 아이들 스스로 생각하고 결정해 행동하도록 독려한다.

좋은 교육은 아이들이 스스로 배움을 찾고 행복함을 느껴야 한다. 아이들을 학원으로, 대안학교로 보낼 것이 아니라 아이들에게 행복한 학교와 왕성한 호기심을 돌려줄 방법을 찾아야 할 때다.

지나친 수업 욕심은 수업의 여백을 없앤다

"수업을 잘하고 싶어서 준비를 정말 열심히 했거든요. 그런데 수업 준비를 열심히 한다고 해서 애들이 잘 듣는 게 아니더라고요."

– 박상민 선생님(남, 중학교 국사 교사)

스스로 부드러운 성격이라고 하는 박상민 선생님은 조용하고 치밀한 성격의 노력파다. 친절하면서도 부드러운 이미지가 있지만 수업 준비를 하고 수업을 하는 데 있어서의 열정은 감히 다른 사람이 따라오지 못할 정도로 열심이다. 그날그날의 계획이나 일정은 잊지 않도록 메모를 하고 실천하려고 노력한다.

박상민 선생님은 동료 교사인 아내의 출산과 함께 육아 휴직을 했다가 복귀한 경우다. 학교와 잠시 단절되었다가 복귀하면서 감이 떨어지지는 않았을까 하는 불안과 신입 교사로 돌아간 설렘이 수시로 교차했다. 게다가 올해 맡은 학년은 3학년. 지난해에 가르쳤던 중2 학생들이 고스란히 올라와 다시 얼굴을 마주 대할 것을 생각하니 새삼스럽게 아이들과의 관계가 좋았는지를 되돌아보게 되었다고 했다.

선생님은 자신만의 공간이던 교실 수업을 공개하고, 전문가들의 코칭을 받는 이유가 다른 사람에게는 용기일 줄 몰라도 스스로에게는 절박함이라고 말했다. 절박함이 생긴 이유는 지난 수업에 대한 스스로의 썩 좋지 않은 평가에 있었다.

선생님이 생각한 자신의 문제는 두 가지. 열심히 수업 준비를 하는데도 기술이 부족했던 탓인지 아이들에게 잘 전달이 안 된 점과 학생들과의 관계가 친밀하지는 않았다는 점이다. 그 문제를 해결하기 위해서는 교사는 수업하는 노하우가 있어야 된다고 생각했다. 수업의 노하우가 있어야 교사로서의 힘을 발휘할 수 있고, 학생들과의 관계 또한 해치지 않는다는 생각이다. 7차 개정 교육과정부터는 중 2, 3학년에게 국사 대신 역사를 가르치게 되는 교육 환경의 변화도 교사로서의 자신을 돌아보고 새 출발을 다짐하는 계기가 됐다.

교사라면 누구나 한 번쯤은 수업에 대한 한계에 부딪히고, 수업이 잘 이뤄지지 않는 이유를 고민하는 순간이 온다. 박상민 선생님은 지금이 바로 그 순간이라고 했다. 그 고민을 해결하기 위해 선생님이 할 수 있는 일이라고는 수업 활동을 바꾸고 학습지를 수시로 바꾸는 일밖에 없었다.

전문적인 코칭을 앞두는 심정과 각오는 어떨까? 박상민 선생님은 '새로운 드라마를 쓰고 싶다'는 당찬 포부를 밝혔다. 선생님이 다시 쓰게 되는 드라마의 엔딩은 어떻게 마무리될까?

냉정한 수업분석이 시작되다

선생님의 학교 출근 시각은 오전 7시 40분. 매일같이 가장 일찍 교무실에 들어선다. 집이 멀어서 버스가 조금 늦으면 시간도 일정하지 않고 학생들이 많이 타서 막히기 때문에 일찌감치 집을 나서는 편이다. 선생님은 교무실에 도착하자마자 여유 있는 아침을 즐길 새도 없이 바로 교과서부터 펴들었다. 늘 학습 자료를 만들고 연구하는 데도 시간은 턱없이 부족하다. 옆의 동료 교사들과 잡담을 나누거나 가벼운 대화를 하는 대신 남는 시간은 좀 더 나은 수업을 위해 세밀하고 꼼꼼하게 준비를 한다.

선생님은 마치 열심히 공부하는 학생처럼 수업을 연구하고 자료를 준비했다. 퇴근한 뒤에 청소년용으로 나온 역사책을 보고 예전에 읽었던 신문 기사를 메모하거나 스크랩해 두었다가 수업에 반영한다. 선생님들이 수업에 쓰는 활동지도 해마다 새롭게 바꾼다. 지난해까지는 활동지를 빽빽하게 만들었는데 수업 시간도 빠듯한 데다가 너무 많은 내용을 가르치는 것 같아 올해부터는 간결하게 바꾸려고 노력하는 중이라고 했다. 학습 목표와 수업 시간에 실제로 할 수 있는 것들을 3개로

압축해서 되도록 정해진 시간 안에 끝내려고 하지만 늘 여의치가 않았다. 국사는 기본적으로 아이들이 알아야 할 내용이 많아서 늘 수업 시간은 부족하기만 하다.

벌써 10년 차에 이른 중견 교사로서 그동안의 노하우로 쉬엄쉬엄 수업을 할 수도 있지만 늘 최선을 다해 수업을 열심히 준비하는 모습은 박상민 선생님의 가장 큰 강점이다.

선생님은 인간 수면제

1교시는 선생님이 맡은 담임 반 수업. 선생님은 교실에 들어오자마자 반 아이들과 인사를 하거나 한마디 말도 주고받지 않고 준비해 온 학습 자료를 나눠준 뒤 곧바로 수업을 시작했다.

"이조전랑이라는 관직이 있죠. 굉장히 중요한 관직이에요." 열심히 준비한 만큼, 수업도 열정적이다.

"이 사람들이 자기들의 무리를 형성하게 되고, 이 무리를 역사에서는 붕당이라고 불러요."

강의용 마이크를 잡은 선생님은 한 치도 흐트러지지 않고 10분, 20분 막힘없이 설명했다. 교과 내용에만 충실한 선생님의 설명에 몇 분도 안 돼 지루한 표정으로 멍하니 듣던 아이들 중 몇몇이 졸음을 참지 못하고 연신 하품을 하다 기어이 쓰러져 잠이 들었다. 선생님의 설명이 길어질

수록 엎드려 잠이 든 아이들도 많아졌지만 선생님은 계속해서 수업을 이어갔다. 수업을 마치는 종이 울리자 깊은 잠에 빠졌던 아이들이 하나둘 일어났다. 아이들에게 국사 시간은 잠자는 시간이다.

지루함에 하나둘씩 쓰러져 조는 아이들을 본 전문가들의 얼굴이 어느새 굳어졌지만 정작 박상민 선생님의 표정은 무덤덤하기만 했다. 선생님 눈에는 지루해하는 아이들이 보이지 않는 걸까?

인터뷰에 응한 아이들마다 "지루한 면이 있어요", "말투가요, 자장가 불러주는 것 같아요" 등 지루하다, 수업이 재미없다는 말을 했지만 그 정도는 이미 예상한 눈치다. 사실 선생님이 이런 말을 듣는 게 오늘이 처음은 아니다. 지난해 수업 연구를 하는 교사들의 모임에서 역사의식 설문조사를 했는데 그때의 평가도 지금과 별반 다르지 않았다. '내용 준비를 많이 한다', '체계적으로 설명을 해준다'는 좋은 평가도 있었지만 '졸리다', '지루하다'는 부정적인 평가가 주를 이루었다.

덤덤하기만 하던 선생님의 표정이 바뀐 건 아이들이 쓴 설문지가 공개된 순간이다. '우리 선생님은 (　)다'의 빈칸에 아이들은 다음과 같은 대답을 채웠다.

"우리 선생님은 인간 수면제다"
"우리 선생님 수업은 안락사다"
"우리 선생님은 수업만 한다"

인간 수면제에 안락사? 수업이 조금 지루했을 뿐인데, 아이들의 평가가 생각 외로 가혹했다. 예상하지 못한 대답에 선생님의 표정이 착잡해졌다.

선생님은 전체 36명의 학생 중 3분의 1은 열심히 듣고 필기도 잘하는 아이들, 6~7명은 멍하게 앉아 있고, 6~7명은 수업은 제쳐두고 저들끼리 놀거나 떠드는 아이들이었던 것으로 기억했다. 사실 5교시 수업은 점심시간 뒤라 식곤증 때문에 졸 수 있다고 치지만 1교시부터 대놓고 자는 아이들을 지켜보는 건 교사로서 무시당하는 것 같아 화가 나면서도 무기력함을 많이 느꼈다. 간혹 조는 아이를 발견하면 "졸리면 잠깐 일어서서 들어라", "지금 교실이 혹시 덥냐? 왜 이렇게 졸려하지?" 하고 지금 봐도 민망한 변명을 하기 일쑤였다.

지루하다 못해 인간 수면제 같다는 평가에 대해 선생님은 그 원인을 수업의 기술 부족에서 찾았다. 하지만 전문가들의 분석은 달랐다. 전문가들은 수업의 기술 부족이 아니라 아이들의 모습을 보지 못하는 점을 지적했다. 수업 기술만 터득하면 된다는 생각은 오히려 자신의 문제를 자각하지 못하는 심각한 현상으로 보였다.

실제로 수업 장면을 모니터하는 동안 선생님의 시선은 네 개로 분할된 화면 중 계속 한곳만을 향해 있었다. 바로 수업을 하고 있는 자신의 모습이다.

"판서를 안 하려고 하면서도 써 놓고 칠판에 의지하려는 것 같고요.

판서한 내용이 뚜렷하게 안 보이는 것 같아요."

나머지 세 개의 화면이 아이들 화면이었는데도 여전히 선생님 눈에는 아이들이 보이지 않았다.

"선생님의 수업에는 아이들에 대한 관심과 애정이 빠져 있습니다. 그래서 선생님의 눈에는 자는 아이들이 보이지 않는 것이죠."

– 전문가들 총평

교실에 선생님 목소리만 있다

"조광조라는 이름에서 세 글자 이름을 가지고 한번 써보세요."

삼행시 짓기 활동이다. 발표 시간이 되자 아이들이 여기저기서 번쩍, 손을 든다. 그런데 왠지 선생님이 아이들 발표를 별로 반기지 않는 표정이다. 아이들은 활동 수업이 재미있는지 열심히 발표를 하지만 선생님의 반응은 아이들과 약간의 온도차가 느껴졌다.

아이들이 발표하는 동안 선생님의 눈은 준비해간 프린트물만을 향해 있고 감정 없이 잘했다고만 말하고 고개를 끄덕이거나 공감하는 등의 별다른 반응을 하지 않았다. 세 사람의 발표를 한 번에 정리한 선생님은 곧이어 평소와 마찬가지로 지루한 강의를 이어가기 시작했다. 활기 차던 아이들은 침묵하고 교실에는 선생님의 목소리만이 울렸다.

본격적인 수업 분석에 들어가자 여러 문제점이 발견됐다.

첫째, 선생님의 수업엔 스피드 퀴즈나 삼행시, 마인드 맵 등 여러 가지 활동이 있었지만 이를 제대로 활용하지 못했다. 대개 5분간 활동을 하고 나서 1분간 발표하는 식이다. 재미있게 할 수 있는 활동임에도 발표가 끝난 뒤 적절한 코멘트를 하기가 쑥스러운 데다 시간에 쫓길 때가 많기 때문이다. 이를테면 삼행시 짓기를 하면 반 전체가 운을 띄우고 발표자가 그에 맞춰 낭독을 하는데 선생님은 운을 띄우거나 삼행시 발표를 혼자서 하고 끝내는 일이 잦았다. 마인드 맵의 경우 전체적인 맥락을 떠올리며 연상 작용을 하려면 충분한 시간이 필요함에도 불구하고 중간에 끊거나 서둘러 정리하기도 했다. 활동 수업에 적극 참여하는 분위기가 되다가도 선생님이 일방적으로 마무리하는 셈이 되어 결과적으로 아이들은 수동적으로 선생님이 말한 내용을 베껴 쓰기만 했다. 마인드 맵과 같이 충분히 재미있는 활동을 본 수업과 유기적으로 연관을 시키지 못하는 점도 문제점으로 지적됐다. 선생님이 열심히 하는 것과 별개로 아이들이 열심히 학습하고 받아들이는 환경을 만들어줘야 하는데 활동 수업을 제대로 활용하지 못해서 지나치는 바람에 본 수업과의 흐름이 중간에 끊긴 것이다.

둘째, 아이들의 질문이나 발표에 제대로 응하지 못했다. 국사는 특히 많은 인물들이 등장해 혼선을 줄 때가 있다. 그때 아이들이 미처 듣지 못하거나 잘 못 듣고 다시 이름을 불러달라고 하면 선생님은 "지금은 받아쓰기 시간이 아니니까 교과서를 찾아보고 써"라고 대답을 했다. 어떤 내용이 어려워서 질문을 해도 선생님의 대답은 마찬가지였다. 수업 중에 나오는 질문은 아이들과 상호작용을 하는 데 윤활유 역할을 한다. 이 귀중한 기회를 선생님은 교과서에 집중하지 않아서 생기는 아이들의 잘못, 또는 아이 스스로의 의지로 찾아야 하는 과정으로 이해했다. 아이 입장에서는 질문을 무시당하고 잘 받아주지 않는다고 느껴 좌절감이 들 만한 행동이다. 아이들이 발표를 할 때도 선생님의 시선은 아이들을 향하지 않고 준비해간 프린트물에 있었다.

셋째, 외모와 말투에서도 문제점이 있었다. 박상민 선생님은 분석적이고 치밀하고 똑똑한 이미지를 이상적인 교사상으로 보았고, 실제로도 그에 가까운 인상이지만, 좋지 않게 말하면 무뚝뚝하고 잘 웃지 않는 듯한 모습이다. 게다가 목소리에 강약이 없어서 자장가 불러주는 듯한 소리가 더욱 지루하고 졸린 수업으로 만들었다.

넷째, 강의용 마이크를 사용해 집중력을 떨어뜨리는 것도 문제점으로 지적됐다. 사람은 목소리를 낮추거나 작게 하면 그 말을 듣기 위해 집중하고 경청을 한다. 그러나 확성기 역할을 하는 강의용 마이크는 작은 소리에 굳이 경청하거나 소리에 집중하려고 노력할 필요가 없게 만든다. 전문가들은 기계를 쓰지 않되, 말의 양을 줄이라는 조언을 했다. 그러기 위해서는 학생들의 활동을 늘려 아이들이 발표할 기회를 많이 주는 게 필수다.

다섯째, 수업량이 너무 많다. 방대한 수업량은 이 모든 문제들의 원인이 되는 핵심 부분이기도 하다. 수업에 욕심이 많은 선생님은 각 수업에 전달하고자 하는 내용이 늘 넘쳐난다. 예컨대 시간이 5분 남짓 남았다면 핵심 내용 하나만 정리하고 끝내야 하는데 그동안 준비한 많은 자료를 다 보여주려고 욕심을 낸다. 그러다 보니 시간마다 앞뒤를 빽빽하게 채운 프린트물이 나가는 건 기본이다. 가뜩이나 교과서 양도 많은데 거기에 선생님이 찾은 다른 정보들을 정리해 프린트물로 전달하려다 보니 내용은 어려워지고 활동 수업 시간은 대폭 줄어드는 등 시간 배분에 있어서도 충돌이 생겼다. 결국 시간을 통제하지 못한 선생님은 진도 맞추는 일에만 온 힘을 쏟게 돼 아이들과 교류할 마음의 여유가 없어졌다. 이때 서길원 교장 선생님의 말은 더욱 의미 있게 다가온다.

"과거의 전통적 방식과 새로운 방식을 떠나 교사는 이제 전달자적 위치에서 벗어나야 해요. 아이들도 창조자이며 생산자라는 생각을 해야 됩니다."

– 서길원 교장 선생님

마지막으로 학생, 동료 교사들과의 교감이 없다는 점이다. 수업 시간에 선생님은 칠판에서 한 걸음도 벗어나질 않았다. 수업이 끝나갈 즈음에야 아이들 곁으로 다가갔지만 그마저도 선생님의 눈길은 아이들을

: **서로 다른 곳을 향한 선생님과 아이.** 아이들은 수업의 창조자이자 생산자가 되어야 한다. 아이들이 수업 속으로 들어오게 하기 위한 노력이 필요하다.

향해 있지 않았다. 제대로 필기를 했는지에만 관심을 두었다. 그뿐만 아니라 자고 있는 아이를 보지 못하고 지나가는 일도 종종 발생했다.

특히 수업에 대한 고민을 함께 나눌 수 있는 최고의 조언자는 다름 아닌 동료 교사다. 아침 시간이나 쉬는 시간은 수업과 관련된 정보와 고민을 나눌 수 있는 좋은 기회인데 선생님은 그 시간을 수업 준비나 학교 업무 등으로 책상 앞을 떠나지 못했다. 무척 아쉬운 점이었다.

강의만 있을 뿐,
진짜 배움이 없다

배움의 목표는 무엇인가

역사는 과거로의 여행이다. 훈민정음이 탄생하기까지는 세종대왕과 집현전 학자들의 남모를 고민과 이야기가 있었다. 이러한 역사적 사실들이 흥미 있게 다가오는 때는 상상과 결합될 때다. 수업은 그러한 역사적 상상력을 불러일으키면서 동기 부여를 하고 중요한 역사적 사실을 환기하는 것이다.

전문가들은 가르치는 것이 목표가 되어서는 안 된다고 말한다. 가르치는 게 목표가 되면 교실은 침묵한다. 거기엔 배움이 없기 때문이다. 수업의 목표는 가르치는 게 아니라 아이들에게 무엇을 성취시키는 데 있다. 교사가 가르치지 않고도 아이들이 스스로 배우면 그게 좋은 수업인데 대다수의 선생님은 많은 지식과 정보를 최대한 많이 가르치는 것이 좋은 수업이라고 착각한다. 교사는 아이들이 성취해야 할 것을 안내해줄 뿐이고 아이들은 스스로 학습할 수 있어야 한다. 그러기 위해서는 학습 설계가 우선되어야 할 것이다.

"점수에 대한 부담감에서 벗어나고 활기찬 수업이 되기 위해서는 선생님은 좀 게을러질 필요가 있어요."

― 전문가 총평

여태껏 열심히 노력하라는 말은 했어도 게을러지라는 조언이 나오기는 처음이다. 말하는 전문가도, 듣는 선생님도 의외의 말에 함께 웃었다. 농담처럼 들리는 이 말에는 '선생님이 부지런해야만 하는 게 아니라 아이들이 부지런해야 되는 수업'이라는 함축적인 메시지가 있다는 걸 선생님도 안다. 이제부터는 선생님의 말을 줄이고 학생들이 말할 기회를 많이 만들기 위한 준비가 필요한 때다.

박상민 선생님의 근본 문제를 한마디로 '지나친 수업 욕심'으로 정리한 서길원 선생님의 말도 이와 다르지 않다.

"지적인 것을 전달해야겠다는 지나친 욕심이 있어요. 수업에 대한 욕심을 내려놓고 아이들을 쳐다봐야 돼요. 그래서 저희가 주문한 게 있습니다. 여백이 있는 수업을 하십시오. 그래야 아이들이 보입니다. 그래야 관계가 살아납니다."

– 서길원 교장 선생님

여백이 있는 수업에는 아이들의 목소리가 살아난다

"배움이란 고립된 개인이 경쟁을 통해서 승리하려고 노력하는 일이 아니다. 교육의 목적은 결코 개인의 능력을 향상시키는 것에만 있지 않다. 교육은 우리가 하나의 공동체 속에서 서로를 의지하면서 살고 있음을 깨닫게 해줘야 한다. 그렇지 않으면 경쟁에서 승리하든 실패하든 교육은 모두에게 실패한 것이 된다."

– 로버트 벨라(사회학자)

첫 미션을 전달하기 전에 박상민 선생님은 전문가들의 코칭을 받고 나서 기억나는 글귀를 메모해 책상 앞에 붙였다. 역시 부지런하고 꼼꼼한 선생님이다.

'나의 역사 수업에서 어떤 배움이 일어나길 바라나?'

'아이들도 지식의 창조자임을 기억하라'

'왜 배워야 하는지를 알게 하라'

'배움은 능동성에서 시작한다'

글귀들을 날마다 되새기면서 선생님은 아이들이 하는 말을 좀 더 의미 있게 받아들이려고 노력하고 있었다. 교사가 혼자서 아는 것을 전부 전달하는 게 수업이 아니라, 수업이라는 상황을 교사와 학생들이 함께 만들어가는 것임을 깨닫고 새로이 다짐도 했다. 미션이 나오기 전에 이미 선생님은 자신의 미션을 훌륭하게 수행하고 있는 것 같았다.

미션을 적은 종이를 선생님은 하나하나 오래도록 들여다보았다. 박상민 선생님의 미션은 다음 두 가지다.

1차 미션

1. 학생들 앞에서 자기 고백하기
2. 수업 시간에 선생님의 말을 줄여서 여백이 있는 수업을 하라

구체적인 수업 기술이 적혀 있는 게 아니라서 어떻게 수행해야 할지 당황스럽기도 하지만 선생님은 벌써 각오를 단단히 한 표정이다.

전문가들은 현재 선생님이 하고 있는 활동 수업의 아이디어가 좋아서 잘만 활용하면 아주 재미있는 수업이 될 것으로 봤다. 그러므로 수업을 지금보다 비우기만 하면 아이들과 상호작용할 수 있는 길이 열릴 것이다. 수업에 여유가 있으면 아이들을 돌아볼 마음의 여유도 생기기 때문이다.

쇠뿔도 단김에 빼랬다고, 선생님은 그날 오후 용기를 내어 아이들 앞에서 자기 고백을 하기로 했다. 수업 시간이 되자 선생님이 공부를 멈

추고 잠깐 시간 좀 내달라고 정중하게 부탁했다. 평소와 다른 선생님의 말에 아이들이 의아한 표정으로 앞을 바라보았다.

"선생님이 지난주와 지지난주 두 번 서울에 갔다 왔어. 거기서 선생님이 수업하고 있는 모습과 너희들을 촬영한 모습, 설문 내용을 듣게 됐는데 선생님이 정말 부족하다는 생각이 들고 그런 걸 너희들 앞에서 고백을 하려고 하니까 아주 쑥스럽다.

촬영하는 스태프가 이렇게 묻더라. '선생님, 반 아이들을 사랑하세요?' 묻는데 선생님이 선뜻 대답할 수가 없었어. 내가 너희들한테 해준 것도 없고 정말 사랑으로 대했나 자신이 없어지고 미안한 마음이 들어서… 마음속에 있는 마지막 한마디 말이 참 안 나온다 …. 너희가 선생님 좀 도와줄래?"

띄엄띄엄, 진지하게 이어지는 선생님의 말에 반 전체가 숙연해졌다. 선생님은 머뭇머뭇하면서도 자신의 마음을 열어 부끄러운 자신의 모습을 힘들게 고백하고 아이들에게 도움을 청했다. "선생님이 진심으로 말씀하셔서 마음이 짠했어요." 아이들의 말을 들어 보니 선생님의 진심이 잘 전달된 듯했다.

다음 날, 본격적인 미션이 시작됐다. 여느 때처럼 선생님은 제일 먼저 교무실에 들어섰다. 평소라면 수업 준비를 해야 할 시간. 그런데 늘 수업 자료에 가 있던 눈이 오늘은 다른 곳을 향해 있다. "안녕하세요?"

"안녕하세요." 홀로 수업 준비에 몰두하던 예전과 달리 동료 선생님들과 인사하고 웃고 이야기를 했다.

아침 조례를 위해 교실로 향한 선생님은 "규현아, 일찍 다녀야지." 지각생을 살짝 나무라기도 하고 아이들을 향해 인사하기도 했다. 선생님의 첫인사에 아이들의 대답이 훨씬 크게 들려왔다. 그동안 수업에 몰두하느라 보이지 않았던 아이들의 웃음이 이제야 보이기 시작했다. 이제야 아이 한 명 한 명이 선생님 눈에 들어오게 된 것이다.

다른 선생님이 아침 인사를 자연스럽게 하기까지 꽤 오랜 시간이 걸린 것에 비해 박상민 선생님은 짧은 시간에 큰 변화를 이루었다.

같은 교사인 아내에게조차 '당신은 말을 잘 못하고 표현이 서투른 사람'이라는 이야기를 듣던 선생님은 워크숍에서 어린 시절 경험했던 활기찬 에너지를 다시 한 번 경험했다. 딱딱하게만 보이는 박상민 선생님도 어릴 적에는 활기차고 장난기 많은 소년이었다.

"(구슬을) 깡통으로 된 약통 있잖아요. 거기에 한가득 모아서 여기다 감춰놨어요."

어린 시절을 다시 만나면서 차갑게만 느껴졌던 선생님은 그동안 교사로서 억눌러온 감정을 조금씩 드러냈다. 선생님이 자신의 감정을 잘 알게 되면, 아이들의 마음을 이해하는 폭도 넓어진다.

선생님의 변화는 아주 빠르게 다가왔다. 미션을 수행한 지 두 달여, 선생님 수업에는 어떤 변화가 있었을까?

즐거움으로 배움이 살아나는 수업

한창 인기 있었던 〈성균관 스캔들〉 영상이 흘러나왔다. 노론과 소론의 당쟁에 대한 수업이다. 선생님의 수업은 크게 달라진 것이 없어 보였지만 아이들은 졸지 않고 집중을 했다.

"잠깐만요, 선생님 서얼이 뭐예요?"
"서얼, 모르는 단어잖아요. 서얼 단어의 뜻을 아는 친구 있어요?"
"서자, 첩의 아들."

더 이상 선생님은 앞만 보고 혼자 수업하지 않았다. 그러자 교실에서 아이들의 목소리가 살아났다.

영조와 정조의 탕평책을 배울 때는 짝꿍과 같이 정리한 다음, 서로에게 말해주기 식으로 수업 분위기도 살고 재미있게 학습할 수 있는 일석이조의 효과를 거두는 수업 내용이 돋보였다.

전문가들도 바뀐 수업 내용에 퍽 놀란 눈치였다. 예상보다도 빠른 속도로 수업 문제가 해결되기도 했지만 선생님의 태도가 놀랍도록 바꿰었다.

예전 같으면 '세도 정치'를 주제로 수업할 때 이것저것 많은 정보와 지식을 가르치려고 욕심을 부렸지만 이제는 좋은 정치가 되면 국민들의 삶이 나아지고, 정치가 타락하면 국민들의 삶이 어려워진다는 인과관계만 파악해도 좋지 않을까? 라고 생각하게 되었다. 정치가 우리 삶에 영향을 준다는 점만 전달돼도 그 수업은 성공한 셈이다.

프린트물도 한결 쉬워졌다. 깨알 같은 정보를 적었던 종이 대신 핵심적인 내용에 빈 괄호를 두어 아이들이 직접 채워 넣을 수 있도록 디자인했다. 그 전에는 교과 내용을 전달하면서 메시지를 덤으로 끼웠는데, 이제는 메시지를 염두에 두고 거기에 필요한 지식을 가져다 쓰는 식으로 생각이 바뀌었다.

'역사는 과거와 현재의 대화'라는 카E.H.Carr의 말처럼 과거에 살았던 사람들의 생각과 오늘날 살고 있는 사람들의 생각은 시대를 뛰어넘어 통하는 부분이 있을 것이다. 실제로 실학자들의 실사구시 정신이 오늘날 어떻게 이어지는지를 생각해보게 하자 아이들의 배움이 일어났다. 예전 같으면 실사구시의 뜻을 알려주면 아이들은 뜻을 받아쓰고 수업은 끝났을 일이다. 하지만 이제 아이들의 반응에 계속 피드백을 해주자 공감대가 형성되고 기분이 좋아져 선생님 스스로도 수업 시간이 신이 나고 재미있다고 했다.

김태현 코칭 전문가는 특히 배움에서 소외된 아이들을 본 선생님에 주목했다. 선생님은 한 아이가 진도를 따라오지 못하자 계속 힌트를 주면서 아이가 뒤처지지 않도록 끌어주었다. 전체 수업에서도 개인별 수준별 수업이 이뤄진 셈이다. 이러한 변화는 학습자 중심의 수업이 이뤄낸 성과다. 달라진 건 수업만이 아니다.

"선생님, 있잖아요. 저희 셋 중에 한 명이 국사 만점 나오면 선생님 노란색 안경으로 바꾸는 거 어때요?"

"색은 노란색이어야 한다?"

"꼭 노란색이요! 밝은 노란색!"

아이들의 스스럼없는 제안이 선생님도 싫지 않은 표정이다. 불과 두 달 만에 찾아온 엄청난 변화의 비결은 아이들과의 관계 개선에서 비롯됐다.

"저의 작은 변화 하나에도 이렇게 애들이 바뀌는구나, 감동을 받았고 그 상황이 힘이 됐어요. 미션들이 별것 아닌 것 같지만 사실은 힘이 있는 미션이구나 생각을 했고 아이들하고 재밌게 놀아보자는 마음으로 계속 만났던 거 같아요. 학급에서도, 수업에서도요."

혼자가 아닌 함께 좋은 수업 만들기

좋은 수업 만들기의 시작

일주일 후, 2차 미션이 정해졌다. 그간 선생님에게도 작지만 큰 변화가 있었다. 안경 안쪽이 노란 빛깔을 띠고 있는 안경테로 바꾸었다. 사실 아이들과의 내기에서 아슬아슬하게 이긴 건 선생님이었지만 선생님은 기분 좋게 아이들의 말을 들어주었다.

2차 미션

1. 동료 교사들과 수업 연구 모임 만들기

2. 나만의 좋은 수업 만들기

2차 미션의 목적은 좋은 수업 만들기다. 자신만의 좋은 수업을 만들지 않으면 그 틀에 갇혀 통제만 생각하게 된다. 그러므로 선생님의 생각을 전달하는 탐색의 과정을 통해 유연함을 보이라는 것이다. 유연함이 있어야 아이들을 바라보게 되고 교과서에 갇히지 않고 수업을 할 수 있다. 그리 쉽지 않은 미션을 이번에도 선생님의 열정으로 성공할 수 있을까?

그로부터 다시 한 달 후. 교실이 분주하다. 동료 교사들이 교실을 찾아오고 한쪽에 카메라도 설치했다. 몇 분 있으면 박상민 선생님의 공개 수업이 시작된다. 박상민 선생님의 제안으로 이 중학교에 처음 수업 연구 모임이 만들어진 덕이다. 교사만의 공간이던 수업을 공개해야 하기 때문에 연구 모임을 만들기가 쉽지 않았지만 다행히도 전폭적으로 지지하고 참여해준 동료 교사들이 있었기에 가능한 일이었다.

수업 연구 모임에서는 주로 선생님들이 일상적인 수업을 공개하고, 아이들에 대한 고민을 나눈다. 즉, 마지막 정리가 잘 안 됐다거나, 학생들이 발표한 뒤 정리가 필요하지 않느냐 등의 현장의 소리들이 가감 없이 들어온다. 이러한 집단적 지성과의 협력이 이뤄지면서 지속가능한 발전이 일어난 것이다.

이제 남은 미션은 하나, 바로 나만의 '좋은 수업 만들기'다. 선생님은 교재연구를 더 열심히 하게 되면서 고민에 빠져 있다. 마치 예전의 모습을 보는 것처럼 말이다. 오랜 고민 끝에 선생님이 찾은 해답은 좋은 수업을 하기 위한 '기술'과 '방법'에 집중돼 있었다.

다시 수업에 욕심을 내면서, 학습지도 깨알 같은 글씨로 채워지게 됐다. 다시 아이들은 졸기 시작했고, 침묵의 교실이 되었다. "안 졸려면 뭔가를 해야 돼요. 본인이 뭘 쓰고 밑줄도 치고 별표도 하고 그래야 덜 졸려요." 졸지 않기 위해서 더욱 열심히 필기하라는 말뿐이다. 선생님의 초기 수업을 보는 느낌이다.

'좋은 수업 만들기' 이후 선생님의 얼굴에서 웃음이 사라졌다. 아이들도, 선생님도 무척이나 지치고 힘들어 보인다. 선생님의 수첩에도 '수업 준비를 많이 하나 아이들이 듣지 않는다', '수업을 생각하면 기쁜가?' 등 수업에 대한 고민이 빼곡하다. 하지만 좋은 수업을 고민할수록, 아이들은 지루해하고 선생님도 즐겁지 않다. 수업을 한 단계 도약시키기 위해서 뭘 시도해야 하는지만을 생각하다가 그 생각이 스스로에게 독이 된 것이다.

수업에도 다이어트가 필요하다

"수업에서 관계라는 것은 배움을 아이들 중심으로 돌려놓는 것이죠. 성찰한다는 것은 그것이죠. 수업에서 관계라고 하는 부분은 배움에 본질을 찾아가는 것. 진정한 배움이 무엇이냐는 것을 깨닫게 하는 것이고요."

– 서길원 교장 선생님

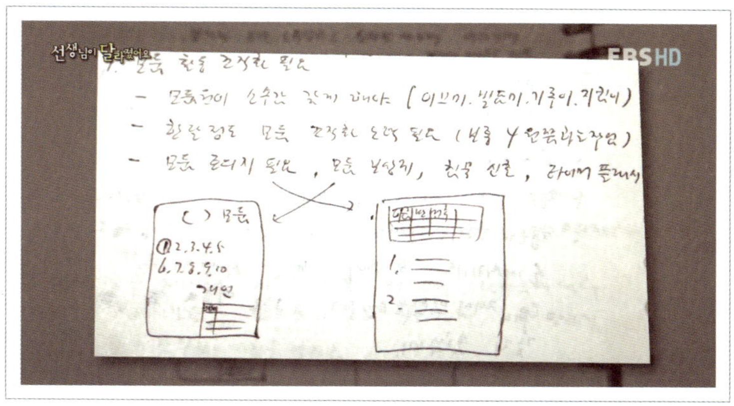

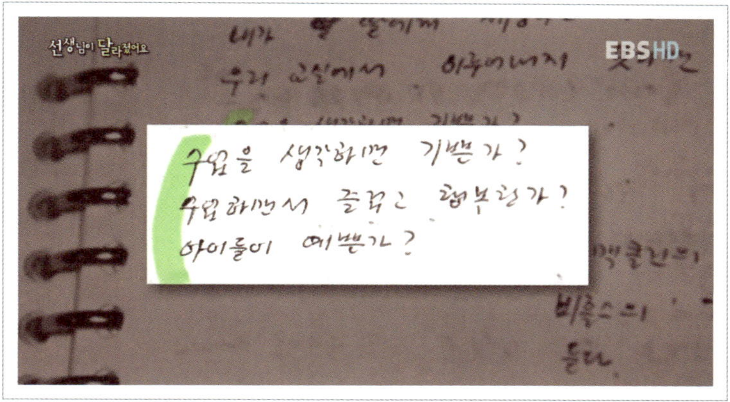

: **선생님의 미션 일지.** 한 단계 도약하기 위한 선생님의 고민은 깊어졌다. 선생님은 미션 과정 중에 끊임없이 고민하고 성찰하는 노력을 기울였다.

선생님 교실을 탐방해 수업을 관찰하던 서길원 선생님은 수업을 유연하게 하고 슬림화시킬 것을 조언했다. 박상민 선생님의 수업은 아직까지 수업 욕심을 내려놓지 못한 탓에 단위 차시 안에서의 수업이 너무 많은 편이었다. 그러므로 수업을 설계할 때는 차시 중심으로 보지 말고 단원 중심적으로 봐야 한다고 말했다. 이를테면 한 시간은 개념 학습을 철저히 해서 아이들이 조사하고 분석하게 하고, 다음번엔 토론하는 시간으로 잡아야 하는데 정해진 시간 내에 조사, 탐구, 토론 등을 한꺼번에 다하려고 하니까 마음이 급해지는 상황이 발생했다. 이처럼 차시가 중심이 되면 차시 안에서 모든 걸 해결하려 하기 때문에 이것저것을 취하려 한다. 여전히 교사가 주도하는 수업이라는 점도 고쳐야 할 부분이다. 수업 목표는 학생들의 탐구 활동을 통해 달성해야 하는데 교사가 주도하다 보니 아이들의 반응을 기다리지 못했다. 짧게 묻고 짧게 답하는 식이다.

박상민 선생님은 내적 성찰이 뛰어나기 때문에 자기 문제점이 무엇인지를 굉장히 빨리 받아들이는 사고의 유연함이 있다. 자신이 어디에서 문제가 있는가를 빨리 되돌아보는 힘이 있는 것이다. 초기 모습으로 돌아갔지만 이미 수업의 즐거움을 선행한 경험이 있기 때문에 좋은 수업을 회복하는 데 크게 어려움은 없으리라는 게 전문가들의 예상이었다. 아이들에게 배움이 도전이듯이 교사의 새로운 수업에 대한 변화 욕구는 새로운 도전이자 성장통이다.

박상민 선생님도 다시 한 번 어려움을 겪고 나서부터는 더 이상 좋은 수업을 고민하지 않았다. 아이들과 함께 즐거우면, 그것으로 좋은 수업임을 깨달았기 때문이다. 수업도 다시 달라졌다. 선생님이 교탁을 떠나 아이들 곁에 다가서자 아이들도 활기를 되찾았다. 아이들의 말을 빌리자면 선생님이 굉장히 능글맞아졌기 때문이란다. 내용에는 충실하되 수업은 더욱 재미있어졌다.

"모자가게가 있는 것은 머리 자르기는 싫은데 그냥 하고 다니면 걸리니까요. 멋진 모자로 시선을 딴 데로 돌리기 위해서요."

"(머리를) 안 자르고 모자를 쓰는 거야?"

아이의 말에 공감을 해주고 "한 번도 안 나온 의견이야" 하고 또 공감해주자 아이 얼굴에 웃음이 번졌다. "선생님도 그게 궁금했어요.", "다른 발상으로 본 좋은 의견이에요." 발표를 할 때마다 선생님의 공감과 칭찬이 이어졌다.

선생님이 제 페이스를 찾은 건 교사 모임의 덕이 크다. 오늘 수업은 너무 강의만 하다 끝났다든가, 아이들의 질문에 잘 대답하고 적절한 부연 설명을 했다는 등 날카로운 지적을 하고 세세한 부분까지 분석하고 이야기해주었다. 서로 교사로서 공감하는 이야기도 많고, 동료 교사들에게서 자신과 비슷한 의견이나 감정이 나왔을 때는 다른 모임에서 찾아보기 힘든 동질감으로 마음이 든든해졌다.

전문가들은 맨 처음부터 훌륭한 교사로 서기 위해 고민을 하고 좋은 수업을 하려는 고민을 일상적으로 했던 박상민 선생님의 의지와 열정을 칭찬했다. 다른 선생님들에 비해 변화의 속도도 빨랐고, 과정 속에서 좌절도 있었지만 금방 털고 다시 더 좋은 모습을 보여주었다.

아이들을 사랑하느냐는 간단한 질문에 머뭇거리다가 답하기 힘들다고 했던 선생님은 그때를 가장 힘든 순간으로 기억했다.

"아이들을 사랑하냐고 물었을 때 선뜻 대답이 안 나왔어요. 그 순간의 충격, 그게 계속 떠올랐고 그것 때문에 굉장히 괴로웠죠. 제일 힘든 부분이 그거였어요."

코칭 마지막 날, 전문가가 다시 던진 질문에 이제 선생님은 자신 있게 "네"라고 답했다. 선생님이 달라진다는 건 특별히 수업 기술이 더 나아지거나 수업을 더 잘하는 선생님으로 변해서가 아니다. 아이들을 바라보는 마음자세가 바뀐 것, 그것이 바로 좋은 수업의 시작이고 선생님의 놀라운 변화이다.

선생님과 아이들. 서로의 마음이 열리고 이제 아이들의 진심이 느껴진다. 수업은 아이들의 것이다.

디베이트 수업, 무엇이 중요할까?
– 토론 수업으로 표현 능력 키우기

갈수록 디베이트토론·debate 수업에 대한 중요성이 커지고 있다. 특히 글로벌 시대에 의사표현 능력이 가장 큰 경쟁력으로 떠오르면서 특목고나 국제고, 대학 입시에서도 영어 토론 등으로 수행 능력을 평가하는 경우가 많아지고 있다.

디베이트 수업은 한 가지 논제를 놓고 찬성 측과 반대 측, 판정인으로 나뉘어 공정하고 엄격한 규칙에 따라 벌이는 수업이다. '학교 급식을 해야 한다', '흥선대원군의 쇄국 정책은 필요한 정책이었나' 등 한 가지 의제를 정한 뒤 입론, 반론, 최종변론의 3단계로 진행한다. 승패가 있기 때문에 상대와 청중을 얼마나 설득할 수 있는지가 가장 큰 관건이다.

토론 수업의 단계

1. 자료 수집

한 가지 주제로 디베이트를 하려면 우선 자료를 수집하고 분석하는 일이 먼저다. 논제에 찬성, 혹은 반대하는지 자신의 입장을 정리할 수 있기 때문이다. 디베이트 수업은 팀원들과 많은 시간을 투자해야 한다. 짧은 시간에 더 많은 지식을 습득해야 하는 현실에 맞지 않는다고 불평하는 부모도 있지만 각 주제마다 스스로 자료를 찾아 공유하면서 아이들이 자기주도학습을 한다. 실제로 한 학교에서 토론 캠프를 실시하자 열댓 시간이 넘는 시간에도 졸거나 지루해하는 아이 없이, 토론을 마치고 끝난 후에도 컴퓨터로 자료를 검색하면서 스스로 자료를 찾는 아이들이 있었다.

2. 조리 있게 말하는 연습

자신의 기본 입장을 밝힌 뒤 교차 질의, 반박 등을 거쳐 마지막 초점의 형식을 따르는 순서로 진행된다. 그러므로 철저한 자료 조사를 근거로 상대 의견을 논리적으로 반박해 자신의 입장을 선명하게 내세울 수 있는 연습이 필요하다. 특히 디베이트 수업은 시간이 정해져 있기 때문에 시간을 잘 배분해 자신의 주장을 효과적으로 전달할 수 있어야 한다.

가정에서부터 드러내놓고 솔직하게 이야기하는 습관이 형성되면 아이도 학교나 집에서 자연스럽게 논쟁을 즐길 수 있다.

3. 경청

디베이트는 상대의 발언에 대해 재빨리 반박을 할 수 있어야 한다. 그러므로 상대방의 발언 가운데 논리적 허점은 없는지 등을 주의 깊이 경청해야 한다. 수업 시간에 아이들이 가장 많이 간과하는 부분이 바로 듣기다. 디베이트는 말하기, 듣기, 읽기, 쓰기 등 통합적 사고능력이 필요한데도 상대방의 발언과 관계없이 자신의 주장만 일방적으로 되풀이하거나 논점을 이탈한 질문으로 핵심을 비껴가는 학생들도 있다. 상대방의 발언을 잘 듣고 논점을 정확히 파악하는 것만으로도 토론의 흐름을 선점했다고 할 수 있다.

4. 협의

디베이트는 팀플레이다. 각 팀원들이 생각을 하나로 모으는 과정에서 배려와 협동심을 키울 수 있다.

좋은 수업은
관계로 이루어진다

공교육과 사교육의
기로에서

학원계의 아이돌 '스타 강사'가 떴다

학원을 안 다니는 아이를 찾기 힘들 정도로 사교육 열풍이 대한민국을 휩쓴 가운데, 그 중심에는 오프라인과 온라인을 종횡무진하며 입시에 나올 문제를 귀신같이 잡아내는 족집게 스타 강사들이 있다. 그들에게는 무자비한 독설, 연예인 급의 얼짱 외모, 개그 콘서트를 뛰어넘는 유머 감각, 유명 아이돌 그룹의 노래나 방송매체를 섭렵해 수업 자료로 활용하거나 화려한 지식 퍼포먼스를 벌이는 등 저마다 고유의 스타일이 있다. 물론 실력은 기본이다.

그 대우도 남다르다. '1타 강사첫째로 꼽히는 스타 강사'의 경우 평범한 회사원 연봉의 몇십 배를 웃도는 거액을 옵션으로 받는 것은 물론, 자체 교재를 개발하는 연구원, 매니저 군단까지 거느리기도 한다.

스타급 강사의 오프라인 강좌는 10분도 되지 않아 타임이 마감되고 스타 강사가 어느 학원으로 옮겼다는 소문이 돌면 수험생들은 그 강사를 따라 학원을 대거 옮기는 진풍경도 학기마다 흔하게 볼 수 있다. 시간과 장소에 구애받지 않는 인터넷 온라인 강좌는 몇백만 건의 높은 조회 수를 기록하고, 심지어 정식 강의를 듣지 않고 둠강^{어둠의 강의}을 듣는 수험생들이 생길 정도다.

사교육의 열풍 속에 스타 강사들의 인기가 거저 얻어진 건 아니다. 대부분의 과목이 선행학습으로 진행되기 때문에 딱딱하지 않고 재미있게 가르칠 수 있는 방법을 개발하는 건 필수, 학생들의 수업 참여도를 높이기 위해 다양한 이벤트를 걸기도 한다. 온오프라인으로 수시로 공개평가를 받기 때문에 강의 만족도가 떨어지면 바로 학생들이 썰물처럼 빠지거나 학원에서 퇴출당하는 경우도 있다.

어느 스타 강사의 말을 빌리자면 예전의 입시제도는 수능 · 내신 · 논술의 죽음의 트라이앵글이었다면 오늘날은 입학사정관에 봉사활동까지 더해져 죽음의 펜타곤에 가깝다고 한다. 이렇게 교육 제도는 몇 년 간격으로 자주 바뀌지만 학교는 그 변화를 잘 따라가지 못한다. 교육 여건상 한꺼번에 바꾸기가 힘들기 때문이다. 반면 사설 학원은 며칠 만에 새로운 교육에 편입하는 등 아주 발빠르게 대응한다.

요즘같이 수시로 교육 트렌드가 바뀌는 때에 학원들의 발빠른 대응은 부모들이 학교보다 유명 학원의 컨설턴트나 스타 강사의 말을 더 신뢰하게 만들었다. 대학 입시를 어떻게 준비해야 하는지 불안한 부모들에게 최신 정보와 날카로운 분석을 제공했기 때문이다. 입시철이 다가오면 유명 학원의 입시 설명회에 학부모와 학생들로 강의실이 미어터지는 이유이기도 하다.

학원 강사가 입시 전문가로 인정받고, 학교가 학원만도 못하다는 부모들의 자조 섞인 목소리가 허투루 들리지 않는다.

누가 공교육의 위기를 말하는가

학생이나 학부모는 사교육을 하는 이유로 학교 교육만으로는 뭔가 부족하기 때문이라고 말한다. 학교 선생님도 대개 학생이 학원에서 배웠다는 것을 전제로 수업을 한다. 거꾸로 학원을 다니지 않으면 학교 진도를 따라가기가 어렵고, 학원을 보내지 않으면 남에게 뒤처지는 것 같아 불안하다는 부모도 있다. 선행 학습을 하지 않으면 다른 아이들에게 뒤처진다는 학원 강사의 말은 부모의 불안을 더욱 부채질한다.

사람들은 공교육의 위기를 말하지만 그 바탕에는 자녀가 좋은 대학에 가길 바라는 부모의 열망이 있다. 1990년대 극심한 경쟁 교육 체제가 시작되면서 온갖 교육 열풍이 이어졌다. 조기 교육의 열풍으로 우리말을 뗀 아이들은 부모 손을 잡고 학원에 가 원어민 강사에게 영어를 배웠고, 초등학생이 되면서부터 국영수 학원에 들어가 선행학습을 하는 건 필수였다. 영어를 더 잘하기 위해 해외 연수 교육을 가고 자투리 시간을 쪼개 대학 입시에 필요한 자격증을 땄다.

중등교육의 다양화를 목표로 교육부는 외고, 과학고 등 특목고를 신설했지만 그 의도와는 다르게 특목고에 들어가기 위해서 특목고 입시반에 들어가 맞춤 교육을 받는 등 사교육에 대한 수요나 요구는 더 많아졌다.

교육 정책이 바뀔수록 학생이 배워야 할 공부 양도 늘어났다. 정부는 사교육비를 절감하고 공교육을 강화시키는 차원에서 일제고사 **국가 수준 학업성취도수준평가**를 전면 시행했지만 일제고사를 잘 보기 위해 학교에서는 보충 학습을 시키고, 학원에서 11시가 넘도록 공부하는 아이러니한 상황도 벌어졌다. 사교육 없이 자기주도적 학습 능력을 길러주기 위해 실시한 교육 정책이 오히려 소득의 30%에 가까운 70만 원을 한 달 교육비로 지출해야만 하는 형편으로 만들었다.

최근 부산 교육청이 나서서 우수교사를 활용해 지역 연합인 토요스쿨을 운영하고 방과 후 학교 재능기부 활성화, 초등 돌봄교실 확대 등으로 공교육을 강화해 1인 사교육비를 월 20만 원으로 줄이겠다는 방안을 내놓았지만 근본적으로 사회 전반적인 학력 중시 풍조가 사라지지 않는 한 사교육 열풍을 잠재우기는 힘들다는 게 전문가들의 분석이다.

학원 강사가 줄 수 없는 것, 거기에 답이 있다

몇 년 전 부모와 학생의 각별한 관심을 받은 드라마 중에 〈공부의 신〉
이 있었다. 이 드라마야말로 '공부하게 만드는 드라마'라는 호평을 받
으며 교육을 공론의 장으로 만들기도 했다. 〈공부의 신〉은 삼류 고등학
교인 병문고에 변호사 출신의 교사 강석호가 '천하대 특별반'을 구성하
면서 꼴찌들의 성적을 올려주는 게 큰 줄거리다. 드라마는 학생 각자의
숨겨진 재능을 인정하고 독려하는 동시에 과목별 공부 비기를 전수해
꼴찌들이 명문대인 천하대에 들어간다는 해피엔딩으로 끝났다. 그중
에 강석호가 학교 당국과 교사, 학부모들에게 외치는 대목이 있다. "병
문고 재건 프로젝트의 핵심은 수업의 개혁입니다! 병문고가 소위 똥통
학교의 불명예를 안게 된 가장 큰 원인은 제대로 된 수업을 하지 않은
데 있습니다. 그 누구도 참다운 공부를 한 게 아니었던 겁니다." 아이들
의 장래나 꿈에는 관심이 없고 좋은 성적만을 바라는 교육계의 한 단면
을 보여주는 말이다.

강사講師는 그 뜻처럼 강의하는 사람이다. 부모가 아이를 학원에 보
내는 목적도 뚜렷하다. 경위야 어떻든 부족한 학습을 보충하거나 성적
을 올리기 위해서 간다. 공교육이 제 기능을 발휘하지 못한다고는 하지
만 교사는 강사의 역할과 엄연히 다르다. 교사는 잘 가르치는 것이 목
적이 아니라 국가의 백년지대계인 교육을 통해 학생을 미래의 성장 동
력으로 만드는 데 그 의미가 있다.

일주일에 열 건 이상의 공문을 처리하는 데 파묻혀 수업과 생활지도를 할 시간이 턱없이 부족한 게 현실이지만 다행스럽게도 치열한 주입식 교육에서 벗어나 재능과 특성에 걸맞은 유연하고 다양한 교과과정을 운영하려는 학교와 교사들의 도전은 계속되었다.

공교육 안에서 제대로 된 교육을 실현하기 위해서 학교는 무엇을 해야 할까?

생각해보면 학교를 졸업한 후에 우리가 스승의 날에 생각나는 선생님은 문제를 잘 찍어주던 선생님보다는 같이 소설을 읽고 토론을 하고 공감을 해줬던 선생님이었다. 그냥 정보를 전달하는 게 아니라 의미 있는 배움을 만들어내려고 노력했던 분들이다. 바로 여기에 그 답이 있다.

교사의 진정한 모습은

"아이들에게 문학을 가르치고 싶습니다. 진짜 문학, 진짜 시를, 단지 가르치는 게 아니라 문학으로 소통하고 싶습니다."

– 정승재 선생님(남, 고등학교 문학 교사)

서글서글한 미소를 가진 정승재 선생님은 외향적이고 잘 웃는 인상이다. 카메라를 낯설어하고 주저하면서 오랜 고민을 털어놓던 다른 선생님들과 달리 EBS에 교사 변화 프로그램을 신청하게 된 계기도 단순명쾌했다. "수업의 달인으로 만들어주는 프로그램이 있는데 한번 해보겠나?"라는 교장 선생님의 말씀에 "그럼요!" 하고 흔쾌히 대답했다고 했다.

정승재 선생님은 고등학교에서 문학을 가르치고 있다. 4년 동안 내리 고3 학생 반을 맡다가 올해 고2 고전 문학을 맡았다. 어떻게 하면 언어영역 시험을 잘 볼 수 있는지만을 연구하고 그 연구 결과물인 시험 스킬을 잘 전해주는 데다 입담도 좋아서 대형 학원의 러브콜도 받았다.

선생님의 마음에는 수업의 달인이 되고자 하는 갈망이 있었다. 최고의 언어영역 강사가 되겠다는 일념으로 열심히 살았고 〈언어영역 학습 코칭 프로그램〉으로 전국교육자료전 2등급을 수상하는 등 그 결과도 좋았지만 지난해 처음으로 실패를 맛봤다. 언어영역 연구에 집중하느라 입시를 코앞에 둔 담임반 아이들에게 소홀했고 돌아온 아이들의 반응도 차가웠다. 그리고 그토록 매진했던 언어영역의 성과 또한 참담했다. 그해 지도한 많은 아이들의 언어영역 성적이 우수수 떨어진 것이다. 반 아이들과의 관계가 파괴된 학교생활, 그리고 자신이 온 정성을 기울인 언어영역에서의 실패. 그 정신적인 충격이 상당했다. 학교라는 공간에서 어떤 의미도 찾을 수 없었고 학교를 떠나야겠다는 생각도 했다. 이 상태로는 더 이상 안 되겠다는 생각도 했고 무언가 변화해야 한다는 필요성을 강렬하게 느꼈다.

또한 시험 문제를 족집게처럼 뽑아내야 하는 교사의 현실과 문학을 사랑하고 문학의 가치를 전하고 싶은 교사의 이상은 늘 충돌해왔다. 입시 교육이라는 현실에서는 학원 강사처럼 시험에 나올 문제를 잘 찍어주는 교사가 필요했지만 문학으로 아이들과 소통하고 문학의 가치와 의미를 복원하고 싶은 마음 또한 포기할 수 없는 교사로서의 소망이었다. 선생님의 고민은 해결될 수 있을까? 국어 선생님으로서의 정체성

: 학교라는 공간에서 의미를 잃어버린 선생님. 교사의 현실과 이상이 충돌하면서 선생님은 도전을 시작하였다. 선생님의 노력은 어떻게 결실을 맺을까?

을 찾기 위한 정승재 선생님의 불꽃같은 노력이 시작됐다.

스타 강사를 흉내 낸 학원식 수업과 거친 말

정승재 선생님의 문학 수업은 열정이 넘친다. 특히 재미있는 입담과 개인기로 아이들 사이에서도 선풍적인 인기를 누리고 있다. 수업이 지루해질 때쯤에는 어김없이 유머로 아이들을 웃긴다.

"…막 달려가죠. 어깨를 딱 잡아서 고개를 돌렸는데 오크 **못 생겼음을 나타내는 속어** 야." 얼굴 표정과 말투까지 오크 흉내를 내자 아이들이 까르르 웃어댔다. "상대적으로 다른 수업에 비해 굉장히 재미있어요", "이렇게 재미있으면서 잘 가르치는 선생님은 처음이에요", "멋있어요" 등 아이들의 평가도 아주 후했다.

전문가들의 평도 아이들과 다르지 않았다. "열정적이고 활기찬 수업을 하루 종일 보여주셨어요. 그 용기와 열정이 대단해요."

그런데 그다음에 이어지는 말이 의미심장하다. "그런데 선생님의 수업은 참 특이했어요. 의외였어요." 수업이 특이하고 의외라니, 이 말이 칭찬일까, 아니면 지적일까? 후반으로 이어지는 수업을 관찰하면서 의미심장한 말의 정체가 다가왔다.

"아, 수능에 유일하게 출제된 향가 문제다. 특히나 수능에도…."

"뭐 나와요? 공통적 문제 나오잖아요. 가나다의 공통점을 고르시오."

선생님은 거의 수능 족집게 강사처럼 문제 찍어주기 수업을 했다. 그러다 아이들이 지루해하자 거친 말로 분위기를 띄운다. "그래 알았어, ××야."부터 "어우! 이 촌×아!" 까지 욕 퍼레이드가 이어졌다.

선생님도 자신의 나쁜 습관과 버릇을 잘 알고 있었다. "습관적으로 욕을 많이 하거든요. 열여덟 이런 말은 기본이고." 문학으로 소통을 꿈꾸는 선생님이 거친 말투를 쓴다는 게 한편으로는 납득하지 못할 상황이지만 선생님의 의견은 다르다. 정승재 선생님은 그것이 다른 선생님들과의 차별점이라고 말했다. 고전 문학은 옛 사람들의 옛말로 이루어진 터라 그 자체로 이해하기가 어려운 데다가 현실과는 동떨어져 오늘날 사람들과는 상관없는 것으로 치부하기가 쉽다. 그러므로 고전을 아이들과 밀착시키기 위해서는 재미가 필수라는 설명이다. 전문가들과 선생님의 시각차가 아주 현저하다. 과연 어디에서부터 이러한 시각차가 발생하는 걸까?

전문가 : 수업이 꼭 재미있어야 하나요?

선생님 : (확신에 찬 어조로) 네. 제가 있는 지역이 워낙 선행학습이
　　　　나 사교육이 발달되어 있어서 아이들이 기본적인 것은 다
　　　　배우고 오거든요. 그래서 수업이 남달라야 해요.

전문가 : 아이들 잠을 깨우기 위해서가 아니라 선생님 스스로 도취

된 것은 아닐까요?

　그야말로 핵폭탄급의 선언이다. 듣고 있는 정승재 선생님의 기분도 썩 좋지가 않다. 어느 정도 수업에 자신이 있었던 터라 칭찬까지는 아니더라도 약간의 코치 정도만 있을 거라고 기대했는데, 이건 지금까지의 수업 방식을 전면 부정하는 것이다. 그것과는 별도로 선생님은 전문가들의 말이 교실에서 수업을 듣는 고등학생들의 현실을 전혀 이해하지 못하고 하는 말처럼 들렸다. 좋아할 만한 어휘속어를 사용한다거나 개그 등 아이들이 좋아할 만한 요소가 있어야 아이들은 즉각적으로 반응한다. 특히 입시에 자주 나오는 문제 유형을 뽑아주고 계속 문제집을 푸는 데 시간을 할애하는 입시 위주의 수업에서 수업 외적인 요소들이 없으면 아이들의 호응을 얻기는 어렵다는 것이 선생님의 생각이다.

　다음 질문에서 전문가들과 정승재 선생님의 시각 차이가 왜 생겼는지 그 원인이 밝혀졌다. "인기를 얻기 위해서 수업을 하는 게 아니세요?" 하고 전문가들이 거푸 질문하자 선생님은 망설이지 않고 "네"라고 대답했다. 왜 선생님이 재미와 인기에 집착하는가에 대한 의문은 선생님의 설명이 이어질수록 선명하게 드러났다.

　선생님의 롤 모델은 언어영역 최고의 강사, 즉 인터넷 강의나 방송에서 소위 잘 나간다고 하는 강사들이다. 그래서 틈이 날 때마다 스타 강사들의 수업 진행과 말투 등을 연구해 최대한 언어영역 강사들의 수업과 유사해지도록 노력했다. 언어영역 만점 노하우로 단기간에 성적을 올려주는 족집게 강사들의 수업 중 탐나는 기술을 참고로 해서 흉내 낼 때도 있었다.

인터넷 강의나 방송용 수업은 아이들은 없고 카메라를 두고 수업하는 일방적인 수업이다. 강사와 아이들과의 관계가 없는 상태이니 한 시간 남짓 강의를 다 듣게 하기 위해서는 액션이나 유머 등의 흥미 요소도 필요하다. 반면 교실에서의 수업은 쌍방향 수업이다. 교사와 아이들이 얼굴을 마주하고 반응을 확인하는 생생한 현장이다. 그런데 학원식의 소통을 추구하다 보니 전문가들의 말마따나 '들을 땐 재미있지만 정작 남는 건 별로 없는 수업'이 되고 말았다.

계속해서 자신의 수업을 지켜보면서 서서히 전문가들의 지적이 눈에 들어왔다. 수업의 스킬만을 말하는 자신에게 스스로를 돌아보고 자아성찰을 하라는 이야기였다. 수업의 본질적인 노력, 깊숙하게 수업의 내면으로 아이들을 끌어들이기 위해 고민을 하고 있는 건지 잘 느껴지지 않는다는 말에 선생님의 고개가 절로 끄덕여졌다.

하지만 이것이 다가 아니었다. 코칭은 아직 끝나지 않았다.

딴 길로 새는 수업

선생님은 종종 딴 이야기로 시간 가는 줄 모를 때도 있다. 한번 얘기보따리가 풀어지면 5분 넘게 되돌아오지 못하는 경우가 많다. 자신의

연애 이야기부터 어제 본 자전거 타는 아저씨까지 그 이야기도 다양하
다. 아이들이 좋아하는 연예인 이야기는 단골 메뉴다. 아이들이 조르면
준비한 개인기를 하나씩 꺼내놓기도 한다. "차라리 노래를 할게." 콜록
콜록 기침을 하면서도 구성지게 노래를 부르면 아이들은 "얼쑤~" 하고
추임새를 넣는다.

수업이 막바지에 이르자 여유 있게 수업하던 선생님의 말소리가 갑
자기 빨라졌다. 딴 얘기가 길어지는 바람에 수업 막바지가 되자 시간에
쫓기게 된 것이다. 농담을 할 때는 함께 호응을 하고 눈을 빛내던 아이
들은 본격적인 수업이 시작되자 턱을 괴고 멍한 표정을 짓기 시작했다.
하지만 선생님은 이런 아이들의 변화가 눈에 들어오지 않는다.

"어쨌든 삼장 구조, 기, 서, 결 구조. 자, 시조는 어때요? 초장, 중장,
종장."

그러던 사이 수업이 끝나는 종소리가 울렸다.

"졸릴 틈 없이 잘해주시기는 하는데 산만해질 때가 있어요", "딴 얘기
를 많이 하세요. 어쩔 때는 진도를 못 나갈까 걱정이 되기도 해요" 라는
아이들의 말에 선생님이 할 말을 잃었다.

마치 원맨쇼를 하듯 혼자 묻고 답하다 수업이 일방적으로 끝났다. 아
이들은 없고 카메라만 두고 수업하는 느낌이 선생님으로서도 그다지
반갑지는 않다. 그제야 눈에 한 번도 들어온 적이 없었던, 화면을 통해
지루해하는 아이들의 표정이 눈에 들어왔다.

가장 심각한 문제는 재미를 좇다 보니 수업이 딴 길로 샐 때가 많다는 점이다. 수업에도 흐름이 있기 때문에 그 흐름을 깨뜨리지 않는 범위 안에서 다른 이야기를 해야 하는데 오히려 다른 이야기가 그 흐름을 해쳐 수업을 산만하게 만들었다. 10년차 교사로서, 선생님이 제 속도만 내고 있다는 말과 수업이 산만하다는 부분은 아픈 지적으로 다가왔다.

수업이 계속 삼천포에 빠지는 이유는 무엇일까? 우선 교과 외의 다른 이야기를 하면 아이들의 반응이 아주 좋다. 수업은 교사와 학생 사이에 공감대가 있어야 신이 나고 수업 만족도도 높아진다. 그렇지 못하니 신변잡기나 재미있는 이야기로 아이들의 반짝 흥미를 유발시키는 것이다. 물론 입시라는 상황을 무시할 수는 없지만 교사가 교사로 존재하는 건 오로지 입시를 위해서가 아니다. 아이들을 이끌어가고, 같이 성장해 가는 것이 교사의 책무다.

"수업 안에 몰입이 있다고 생각하세요?"라는 전문가의 질문은 선생님을 다시 한 번 생각하게 만들었다. 솔직히 말하면 그렇지는 않았던 것 같다. 전문가들은 선생님의 수업이 전체적으로 '학습의 몰입'을 어렵게 한다고 지적했다. 즉, 아이들이 학습에 몰입할 수 있도록 이끌어야 하는데 그 몰입을 방해하는 요소가 많다는 것이다.

앞서 말한 문제 풀이 수업, 위트나 개인기로 이야기가 딴 길로 새는 것 외에 전문가들은 수업 후반부로 갈수록 말의 속도가 빨라진다는 점도 우려했다. 상대방이 적절하게 말을 수용할 수 있는 수용 속도가 있는데 선생님은 그것과 상관없이 혼자 자신의 말에 빠져 수업을 진행했다. 후반부로 갈수록 테이프를 빨리 감은 것처럼 호흡이 가빠지고 높은 톤으로 급하게 말을 쏟아내는 빈도가 높았다. 중간에 잠시 호흡을 가다듬고 아이들이 강의 내용을 받아들이거나 이해할 시간을 주지 않고 번개같이 몰아대는 통에 보는 사람조차 벅찰 정도다. 수업 앞부분에서 샛길로 빠지는 경우가 많다 보니 전체적으로 시간이 부족해졌고, 짧은 시간에 교과 내용을 급히 전하느라 아이들은 속도를 따라가기 벅차하는 것이다.

정승재 선생님은 열정이 넘치고 목소리에서조차 힘이 넘친다. 이처럼 자신감 넘치는 선생님이 처음에는 여유 있게 수업을 하다 가르쳐야 할 내용이 몰린 후반부에 이르러서는 빠른 말투로 급속하게 속도를 내는 탓에 강의 내용을 이해하기가 어려웠다. 게다가 교과 내용을 진행할 때에는 빨리 끝내고 싶다는 조급함마저 느껴져 초반의 여유 있는 수업과는 대조를 이뤘다.

선생님은 "다른 이야기를 할 때는 아이들의 머릿속을 주물럭거리듯이 어떤 반응이 나올 거라는 것이 예상되는데, 본 수업에 들어갈 때는 아이들의 반응은 별로 없고 머릿속에 오로지 내용 전달만 생각했다"고 토로했다. 준비된 부분이 덜해서 자신이 없어졌다는 뼈아픈 고백이었다. 수업은 쇼가 아니다. 내 안에 있는 마음이 거침없이 상대방과 연결되어 어우러지는 수업, 이것이 좋은 수업이다.

그렇다면 아이들은 선생님을 어떻게 생각할까? '선생님은 (   )다'란 문장을 주고 공란을 메우게 했다. 아이들은 공란에 '개그맨', '스타 강사', '만능엔터테이너', '예능', '봉숭아 학당'이란 단어를 채워넣었다.

가히 충격적이다. 선생님은 그동안 전혀 보지 못했던 아이들의 진짜 모습이 이제야 보이는 것만 같았다. 진짜 아이들의 모습을 마주쳤을 때 느낀 선생님의 감정은 '부끄러움'이었다.

어떤 선생님이 되고 싶냐고 제작진이 질문하자 선생님 입에서는 뜻밖에 "존경받는 선생님이 되고 싶습니다"라는 말이 나왔다. 말을 꺼낸 뒤에는 다른 오만가지 생각이 떠오른 듯, 복잡해진 마음에 말을 잇지 못했다.

수업의 달인이 되겠다는 호기도 최종적으로 '존경받는 선생님'으로 기억되고 싶은 선생님의 소망일 것이다. 좋은 수업에 대한 선생님의 고민 또한 깊어졌다. 이제부터는 과연 문학 선생님다운 수업은 무엇인지, 변화를 위한 자기 탐색의 시간이 시작되었다.

수업 속으로
점점 깊이 들어가다

드디어 전문가들이 추린 첫 번째 미션이 정승재 선생님에게 전달됐다. 그런데 미션을 보는 선생님 표정이 자못 심각하다. 그도 그럴 것이 선생님 수업의 장점이라고 생각했던 부분을 고치는 게 이번 미션의 과제이기 때문이다.

1차 미션

1. 아내에게 말할 때처럼 말하기

2. 타임키퍼 정하기

3. 수업 시간에 삼천포로 빠지지 말기

4. 수업 시작 할 때 내가 좋아하는 시 읽어주기

5. 나의 목소리 녹음해서 수업 들어가기 전에 듣기, 혹은 4분할 수업

　 동영상 보고 수업 들어가기

미션이 전달된 지 며칠 후에 다시 만난 선생님은 뭔가 불만에 찬 표정이었다. 그새 수업은 예전 방식과 180도 달라져 있었다. 선생님은 교실에 들어가자마자 말없이 칠판에 글씨만 썼다. 아이들과 눈도 마주치지 않고 잘 웃지도 않았다. 수업 중에는 딴 길로 빠지지 않고 교과 내용에 충실했으며 입에 배어 있던 거친 말도 사라졌다. 주어진 미션은 잘 수행하고 있었지만 대신 수업에 생기가 사라졌다. 활기차고 웃음으로 시끌벅적하던 모습은 없어졌고 진지한 선생님의 목소리만 단조롭게 교실을 울렸다.

선생님의 이러한 변화에 가장 당황스러운 건 아이들이었다. 선생님이 혹시나 재미있는 이야기를 해주지 않을까 기대하던 아이들은 서로 당황스러운 듯 눈치를 보다가 졸음을 참지 못한 채 하나둘 고개를 떨구고 잠이 들었다.

선생님의 고민을 덜어주려는 미션이 오히려 선생님을 더 큰 고민에 빠뜨렸다. 재미마저 없어진 수업을, 어떻게 해야 아이들이 수업을 제대로 듣게 할 수 있을지 난감하기만 했다. 선생님은 미션을 하면 할수록 오히려 더 나빠지는 것만 같다고 했다. 예전이 낫다고도 하고, 재미없다고도 하고, 딴 길로 이야기가 빠지지 않아 아쉽다고 하고, 개그 소재

가 다 떨어졌는지 수업이 재미없다고 하는 아이들의 말은 미션에 회의
적이던 선생님의 생각을 더 굳어지게 만들었다. 아이들도 미션을 관두
라고 독촉하는데 굳이 미션을 수행할 이유가 있을까? 아이들을 위해서
미션 수행을 하는 건데 정작 아이들은 싫어하는, 이상스러운 모양새가
되고 말자 근본적인 회의감이 든 것이다. 재미있는 수업이란 말로 충분
한데, 수업을 잘하고 싶다는 선생님의 욕심이 미션에 대한 진정성도 희
석시킨 느낌이었다.

떨어지는 수업 만족도

"제가 재미가 없습니다."

미션 중간 평가 날, 선생님이 작심한 듯 전문가들에게 말했다. 수업
을 이끌어야 할 선생님이 수업이 재미없다고 하다니, 이건 아주 큰일이
다. 교사가 흥이 나야 학생들도 호응하는 건 수업의 기본 중의 기본이
다. 그런데 선생님부터가 재미가 없다고 하니 좋은 수업을 만들기 위한
미션이 되레 역효과가 난 게 아닌가. 선생님은 그동안 꾹 참았던 불만
들을 하나둘 쏟아내기 시작했다.

"미션이 어떤 의도인지 모르겠지만 수업을 평면적으로 만드는 미션
들이거든요." 선생님의 설명은 이러했다. 선생님이 가르치는 고전 문학
은 그 자체로 재미있는 문학이 아니고 공감대도 떨어지기 때문에 50여

분의 수업 시간 내내 아이들의 흥미를 유지하기가 힘들다. 그래서 재미있는 이야기로 주의를 환기시켰는데, 이제 교과 외에 다른 이야기를 못하니까 수업에 재미가 없어지고 지루해졌다는 것이다. 게다가 거친 말을 부드럽게 순화시켜서 말을 하다 보니 말의 강약이 없어져 더욱 수업이 단조로워졌다고 했다. 축구도 꼭 이겨야지 하는 생각보다 재미있게 해야겠다고 마음먹어야 잘 되는 법인데 좋은 수업을 해야겠다고 생각하니까 스스로 생각하기에도 재미가 없고 수업 만족도도 떨어졌다는 설명이었다.

예컨대 미션을 계속 의식하다 보니까 선생님 특유의 개성을 없애고 수업 방식을 제한해 재미없는 수업이 됐다는 말이었다. 선생님은 미션을 계속 수행하는 한, 지금의 생기 없고 맥 빠지는 수업 이상은 절대 나오지 않을 것이라고 단언했다.

하지만 전문가들의 분석은 선생님의 생각과는 달랐다.

첫째, 지금의 혼란스러움은 문학 수업이 가지는 재미를 아이들이 아직 경험하지 못한 상태에서 겪는 필연적인 과정이라고 보았다. 문학 수업에는 문학적 상상력이 필요하다. 문학으로 깊이 들어가면 그 속에는 역사가 있다. 과거로 돌아가는 여행이기 때문에 문학을 이해하는 게 그리 쉬운 일은 아니다. 역사와 문학을 알아야 그 속에 녹아 있는 철학을 이해할 수 있다. 어떤 현상이나 사안을 해석하고 가치 판단을 하려면 문학 속에 있는 스토리를 찾아야 한다. 살아가면서 자기 철학을 가지고 살면 좋지만 대다수는 그러지 못하는 게 우리 현실이다. 그 스토리를 가지고 내용을 유추하는 경험 밖의 상상력, 그것은 문학 속에 숨어 있다.

둘째, 그럼에도 불구하고 학원 강사가 아닌, 문학 선생님이 되고자 하는 선생님 내면의 욕망들이 감춰지지 않는다는 점에 주목했다. 입시 위주의 문제 풀이식 수업은 재미를 찾기가 힘들다. 그 사실을 잘 아는 선생님은 수업의 재미를 웃기는 말과 딴 이야기에서 찾으려고 했다. 그러다 보니 본 수업을 할 때 선생님 혼자 말하고 묻고 답했고, 아이들은 멍한 모습으로 딴 생각에 빠져들었다. 본 수업은 재미가 없고 한편에서는 수업 구조가 아직 매끄럽지 않은 상태에서 두 이유가 서로 부딪쳐서 교사는 교사대로 재미가 없고 학생은 학생대로 지루하다고 느낀다는 것이다.

1차 미션에서 정승재 선생님이 유일하게 좋은 평가를 받은 '시 읽어주기 미션'에 대한 선생님과 아이들의 반응을 비교하게 되면 전문가의 분석이 피부로 좀 더 와 닿는다.

시를 읽는 수업 시간

"다음 시를 한번 읽어봅시다. 선생님이 꽤 좋아하는 시입니다. '류시화'라는 시인이 쓴 시입니다. 한번 읽어드리겠어요."

'그대가 곁에 있어도 나는 그대가 그립다'라는 시다. 하지만 학생들은 머리를 배배 꼬면서 웃는가 하면 어색하게 고개를 숙였다. 이번에는 한 아이를 지목해 시를 읽어보라고 했다. 대신 반 아이들에게는 절대 반응하지 말고, 입 딱 다물고 마음의 소리를 스스로 느끼라는 주문을 덧붙였다. 선생님이 지목한 아이가 일어나 자신이 쓴 시를 발표했다. 잠시 후 우려했던 일이 벌어졌다. 몇 줄을 읽기도 전에 한 아이가 양팔로 날갯짓을 하면서 오글거림을 표현했고, 어떤 아이는 말린 오징어를 굽듯 몸을 배배 꼬았다. 감정을 나누고 느끼는 것을 거부하는 아이들의 태도에 선생님의 얼굴이 점점 일그러지는가 싶더니 드디어 화가 폭발해버렸다.

시를 좋아해서 문학 선생님이 되었던 선생님. 대학생 때는 시인이 되고 싶다는 생각도 했다. 선생님이 되면서 그 꿈을 버렸지만 아직까지도 아이들에게 문학의 감동을 보여주고 싶다는 바람은 여전하다.

"저는 아이들한테 문학을 가르치고 싶습니다. 진짜 문학, 진짜 시를요. 가르치는 게 아니라 아이들과 문학으로 소통하고 싶습니다. 그런데 허무해지더라고요, 아이들은 감동하지 않아요. 문학으로 아이들은 변화하지 않아요."

늘 익살스러운 모습만 보였던 선생님이 처음으로 울컥하더니 말을 잇지 못했다. 선생님으로서, 자신이 느꼈던 감동을 전해주려는데 아이들이 받아주지 않을까 하는 두려움이 있다는 말에 선생님의 속 깊은 고민이 느껴졌다.

입시에 쫓기는 고등학생들에게 시는 감정의 사치다. 아이들에게 문학으로 감동을 주고 싶고 문학으로 소통하고 싶지만 정작 수능 시험을 준비해야 하는 아이들은 그 감정을 나누고 느끼기를 거부한다. 외향적인 성격에 아이들의 반응에 민감한 선생님으로서는 최악의 상황이었다. 결국 수업 시작 전에 시를 읽어주던 선생님은 교과서 관련 작품이나 수능에 연관된 시를 읽어주는 쪽으로 선회했다.

비가 오면 비와 관련된 시를 읽고 그 감동을 나누고 싶다는 선생님의 바람은 사실 문학이라고 하는 교육의 본래 목적과도 일치한다. 그러나 대학 입시를 코앞에 두고 입시를 준비해야 하는 학생들의 현실은 본래의 목적을 배반한다.

문학의 감수성을 높이는 선생님은 다시 아이들 앞에서 시를 읽어줄 수 있을까? 선생님의 이어진 말에 그 해답이 있었다.

"문학 선생님으로서 문학이 수능을 위해서 존재하는 게 아니라 아이들의 삶에 문학이 얼마나 깊은 영향을 미칠 수 있느냐를 수업 속에서 만들고 싶습니다. 문학이 아이들의 삶과 관계가 있다는 걸 꼭 가르치고 싶습니다."

수업의 성패는 교실 밖 관계에 달려 있다

다시 시작된 미션

이제 변화할 준비가 된 선생님의 새로운 미션은 무엇일까? 아이들과 관계를 쌓기 위한 단초는 워크숍에서 얻었다. 1박 2일 동안 〈선생님이 달라졌어요〉에 참여한 선생님들을 위한 워크숍이 진행됐다. '최고의 교수법'이라는 주제의 강의는 아이들과의 관계에 고민하는 선생님들에게 용기와 해답을 주었다. 아이들의 마음을 얻지 못하면, 어떤 가르침도 아이들 속에 스며들지 않는다는 것이 강의의 핵심이었다.

"우리는 수업 시간에 수업을 잘하면 아이들이 내 수업도 좋아하고 성공적인 것이라고 이야기하죠. 대부분 수업의 성패는 교실

밖에서 결정이 됩니다. 그런데 우리는 교실 안에서 이게 좌우된다고 생각하고 수업 기술을 터득하거나 여러 가지를 시도하면 된다고 생각합니다."

– 박남기 광주교육대학교 총장

예컨대 좋은 수업은 수업 기술을 연마하는 게 아니라 수업 바깥에 있는 좋은 관계에서 시작되는 것이다. 진지하게 강의를 들으며 필기를 하는 정승재 선생님의 얼굴에서 뭔가 깨달은 표정이 스친다. 선생님이라고 해서 완벽하지는 않은 존재라는 것, 그리고 스스로 부족한 선생님이었다는 것을 확인하고 겸허하게 받아들이는 데서 변화는 시작된다.

교직 생활에서 처음으로 뭔가 새롭게 방법을 고민하는 시간이었다.

다시 새로운 미션이 준비됐다. 기대 반, 긴장 반으로 앞에 선 선생님에게 주어진 이번 미션은 놀랍게도 백지 미션! 아무것도 적혀 있지 않았다. 한 번의 실패를 경험한 선생님이자 스스로의 장단점을 되돌아보는 계기를 갖고 미션의 본질을 충분히 고민했을 선생님에게 선택의 공이 넘어갔다. 예상치 못한 상황 전개에 당황하던 선생님은 곧 평정심을 찾고 스스로 미션을 결정했다. 선생님이 정한 미션은 바로 이것이다.

2차 미션

1. 악수로 맞이하는 아침교실 만들기

2. 6개 반 (수업 들어가는) 학생 이름 외우기

3. 아내와 말할 때처럼 말하기

4. 조는 학생 교무실에 불러서 초콜릿 주기

5. 강의식 고전산문수업 탈피하기

다섯 번째 미션을 제외하고는 이른바 아이들과 좋은 관계를 맺기 위한 대작전이다. 다시 파이팅을 외치는 선생님의 각오가 이번엔 확실히 달라 보인다. 선생님은 날마다 되새길 작정으로 미션 내용을 크게 적은 종이를 교무실에서 잘 보이는 공간에 붙였다. 담임으로 있는 반 아이들과 아침마다 악수 인사를 하고, 수업에 들어가는 여섯 개 반 아이들의 이름을 다 외우는 미션이 공개되자 우선 동료 교사들의 반응부터가 다르다.

그나마 첫 번째 미션은 예상보다 쉬울 거라고 생각했지만 이 또한 만만치 않다. 이처럼 사람을 머쓱하게 만드는 경우도 세상에 없을 것 같다. 선생님의 말마따나 첫날 가서는 껌 떼고, 둘째 날은 운동화 털고, 셋째 날은 청소를 했다. 데면데면한 사이에 갑자기 인사를 건네자니 서로 어색해져서 선생님은 애꿎은 물만 마구 들이켜고, 아이들은 눈을 피했다. 서먹한 관계가 단박에 달라지긴 힘든 법. 가끔 "안녕하세요" 하고 먼저 인사를 건네는 아이를 보면서 아이들 마음이 조금씩 열릴 것이란 희망을 가지는 선생님이다.

이름 외우기 미션도 동시에 시작됐다. 그동안 선생님은 두 번째 미션

: 계속되는 미션 수행 과제들. 새로운 미션은 선생님이 직접 채워나가기로 했다. 대부분 관계에 집중한 미션들이었다.

을 수행하기 위해 틈 날 때마다 출석부를 보며 이름을 외웠다. 수업 들어가는 반 아이들의 사진과 아이들 이름을 대조하며 소리 내어 외웠다.

선생님의 의지가 힘을 얻으면서 미션은 몇 달 사이 눈에 띄는 변화가 보일 만큼 성공적이었다. 아침 인사를 하는 교실에서부터 그 변화는 상당했다. 복도에 서 있는 선생님에게 등교하던 학생이 다가가더니 넙죽, 장난스레 고개를 땅에 박고 무릎을 꿇고 바닥에 붙은 자세로 선생님께 인사를 한다. 짐짓 학생을 따라 몸을 납작하게 엎드린 선생님이 하하 웃는다. 그날그날의 기분에 따라 아이들은 선생님과 하이파이브를 하거나 포옹을 했다. 무뚝뚝한 줄로만 알았던 고등학교 남학생들이 알고 보니 애교가 많다는 건 최근에 발견한 사실이다.

이름 맞추기를 걸고 아이들과 내기를 한 날. 선생님이 자기 이름을 모를 것 같은 학생은 일어나보라고 하자 3분의 1가량의 아이들이 일어났다. 저 아이들의 이름을 선생님은 다 알고 있을까? 아이들도 궁금한 눈치다. "예인이 앉으세요." "권은지 앉으세요." 이름이 불린 아이들은 좋아하고, 반 아이들은 함성을 지른다. 처음으로 불러준 이름들이었다. 거침없이 이름을 부르던 선생님이 두 명을 남겨두고 잠시 헤맸지만 '임지애', '소수민'의 이름까지 무사히 불렀다. 미션 성공이다.

'이름을 불러주자 꽃이 되었다'는 어느 시인의 말처럼 이제 꽃이 되어 다가온 아이들은 선생님이 이름을 불러주니까 그 거리가 가까워진 것 같다고 입을 모았다.

첫 출발이 성공적이다. 그러나 이것은 아이들과의 관계를 개선시키기 위한 중간 과정일 뿐, 선생님이 바라는 좋은 수업을 하기 위해서는 아직 거쳐야 할 단계들이 더 남아 있다. 수업의 기술이 아닌, 아이들과의 관계를 통해 좋은 수업을 만들기 위한 구체적인 수업 코칭이 시작됐다.

선생님은 생각의 전달자가 아니라 생각의 안내자이다

'좋은 수업'을 갈망하던 정승재 선생님의 물음은 같은 고전문학을 가르치는 이규철 선생님의 수업에 그 해답이 있었다.

고등학교 3학년 고전문학. 따분할 것이라는 예상을 뒤엎고 수업은 살아 있었다. 아이들은 열심히 수업에 집중하고 있다.

"정말 경찰관으로서 탄원에 대해 어떻게 생각하세요?"

"사형보다는 징역을 낮춘다는 생각이 솔직히 드는데요."

아이들의 대답은 늘 선생님의 예상을 뛰어넘고 허를 찌른다. 가만 보니 선생님은 많은 말을 하지 않는다. 아이들이 수업의 주인공이다. 다만 선생님은 아이들의 생각을 끊임없이 묻고 들을 뿐이다. 웃긴 말이나 액션을 준비하지 않아도 배움의 즐거움이 아이들 속에 살아 있었다. 수업이 끝나고 고3에게 입시 준비하기도 빠듯한데 입시와 상관없는 공부 아니냐고 묻자 수업을 준비하는 과정도 재미있고 발표할 때도 재미있다는 대답이 돌아왔다.

이 수업은 협동 학습인 STStudent Teaching 중이다. 글자 그대로 학생이 가르치는 학습이다. 반 구성원들이 같이 공부하고 싶은 이끔이를 선택, 모둠을 구성해 모둠의 입장을 정하고 자료를 조사해 토론하는 자기주도학습이다. 자신이 가고 싶은 모둠을 선택할 수 있는 이점이 있어서 학습의 동기 부여가 잘 되는 편인 데다 모둠별 유대감이 강해 수업 자체가 즐겁다.

ST는 철저한 학습자 중심의 학습으로, 자유롭게 조사해서 질문하고 발표하는 등 학생 스스로 준비를 해야 한다. 예컨대 부자 증세라고 하는 버핏세를 도입하는 논제로 찬성과 반대 의견을 가진 학생들이 불꽃 튀는 토론을 벌인다. 자신의 의견을 머릿속에서 정리해 말해야 하기 때문에 능동적으로 공부를 해야 한다. 말하기, 듣기, 이해하기, 요약하기 등 능동적 학습을 하지 않으면 토론에 참석할 수도 없다. 찬성 혹은 반대 의견 중 하나를 입장으로 정하면, 자기 주장의 옳음을 증명해야 하기 때문에 스스로의 말에는 논리적 오류가 없도록 촘촘해져야 하고 상대의 논리적 오류나 허점을 지적하고 발견할 수 있는 고도의 사고 작용이 필요하다.

이규철 선생님의 수업을 접한 뒤 정승재 선생님의 표현을 그대로 빌리자면, 무림의 고수를 만난 듯한 충격이다. 고등학교 3학년에게 토론 수업을 하는 건 그야말로 강한 의지가 아니고서는 하기 힘든 선택이다.

고3의 특성상 제한된 시간에 많은 정보와 지식을 가르쳐야 하기 때문이다. 대다수의 선생님들이 강의식, 주입식 수업을 택하는 것도 그러한 이유에서다. 시간의 효율성을 위해 선생님들은 토론 수업을 외면하지만 이규철 선생님은 역설적으로 토론 수업이 대학 입시를 준비하는 수험생에게 더 적합하다는 사실을 깨닫게 했다. 자신의 주장을 조리 있게 내세우고, 상대의 말을 경청하고 설득력 있게 발표하는 과정은 대학이 추구하는 창의적 인재상에도 들어맞고 입학사정관제에도 유리하게 작용한다.

수업에서 선생님은 생각의 전달자가 아니라 생각의 안내자임을 깨달은 것도 또 하나의 소득이다. 앞으로 선생님은 수업을 구성할 때 병렬적으로 나열하려고 하지 말고 아이들의 생각을 중심에 넣고 서서히 생각을 풀기 시작했다가 점점 더 심도 있게 생각할 수 있게끔 이끄는 수업 구조를 고민할 것이다.

전문가는 수업도 디자인이라고 말을 한다. 가르쳐야 할 내용이 진열된 상점이 되어서는 안 되고 영화 감독처럼 수업을 연출하고 디자인해야 한다는 말이다. 영화 오프닝을 이렇게 하면 사람들이 볼까, 내가 이렇게 하면 어떨까를 고민하듯이 수업 내용뿐 아니라 그 구조를 설계하고 디자인해야 한다. 그리고 그 디자인은 어떤 질문을 할 것인가에 따라 달라질 것이다.

고3 수업은 문제집을 풀어야 한다는 수업 방식이 암묵적인 동의처럼 받아들여지는데 그것은 편견에 불과하다. 아이들이 머리를 쓰고 사고를 할 수 있는 수업, 그래서 기분 좋은 머리 아픔을 경험할 수 있는 수업으로 만들 수 있기 위해서는 교사들의 틀을 깬 사고가 필요하다.

"네 생각을 다 이야기해라. 그러니까 아이들이 수업의 주인이 되는 거죠. 원래 주인이 되면 수업을 대하는 게 다르죠. 우리가 주인이 되면 다른 것처럼요."

– 이규철 선생님

선생님은 "아이들이 수업의 주인이 되니까 다른 거예요"라고 강조했다. 수업의 주인을 바꾸려면, 먼저 아이들에 대한 믿음을 가져야 한다. 고등학교의 전통 수업이랄 수 있는 문제 풀이 위주의 수업은 철저한 교사 중심의 수업이다. 선생님이 지문을 분석하고, 선생님이 문제를 풀고 시험에 나올 만한 주요 내용까지 친절하게 밑줄 치라고 알려준다. 핵심 내용만 뽑고, 아이들은 교사가 지시한 대로 받아 적으면 되니까 어떻게 보면 수업의 형태 중 교사와 학생 모두에게 가장 편한 수업일 수 있다. 문제는 수업의 질이 어떻든 문제집 몇 권을 풀었는지만을 보는 양적 중심의 기준을 두는 것이다. 무엇을 배웠는지, 얼만큼 이해했는지가 아니라 책을 몇 권 뗐는지가 수업을 잘했는지, 못했는지로 평가하는 것이다.

특히 문학과 같은 언어영역은 사고력으로 물어봐야 한다. 언어영역을 잘하기 위해서는 글을 읽고 주제 파악을 할 수 있는 능력이 있어야 한다. 그러한 다양한 사고력은 아이들이 수업의 주인이 될 때야 이뤄진다. 아이들이 수업의 주인이 된다는 것은 교사가 모든 권리를 포기하고 수업의 주도권을 아이들에게 전부 양도하라는 뜻이 아니라 리듬감 있게 수업을 하는 것이다. 처음부터 "자, 이거 해봐"가 아니라 어떤 부분에서는 교사가 아이들에게 자리를 빼고 던져주면 아이들의 배움이 여기서 일어난다. 단, 계속 의미 부여를 해줘야 한다.

협동 학습이나 토론 수업은 논쟁 거리를 가지고 아이들이 조사하고 연구하고 발표하기 때문에 교과서 내용과 동떨어져 있다고 오해하기 쉽다. 그러나 생각해보면 수능 시험에 나오는 시는 교과서에 있는 시가 아니라 배우지 않은 다른 시에서 나온다. 교과서에 나온 시라도 배운 내용을 그대로 묻지 않는다. 새로운 접근 방식으로 묻는다.

아이들이 수능을 못 보는 이유는 낯선 환경에서 낯선 글을 읽는 것에 대한 두려움이 있기 때문이다. 또한 자기 생각을 말하고 표현하기를 두려워하기 때문이다. 그 두려움은 다른 아이들한테 어떻게 보일지에 대한 두려움이기도 하고, 정답이 아닌 오답일지 모른다는 두려움이다. 특히 남학생들보다 여학생들에게 그 두려움이 의외로 크다.

또 한 명의 코칭 멘토인 김태현 선생님은 수능에 대한 두려움은 교사의 계속적인 격려와 지지에 의해서 없어진다고 강조했다. 그러기 위해서는 선생님은 결과를 가지고 칭찬하지 말고 결과에 이르기까지의 과정을 잘 말해주어야 한다고 덧붙였다. 아이들이 단순하게 대답해도 어떤 의도로 대답했는지, 어떤 고민에서 나온 이야기인지를 선생님이 요령껏 풀어서 의미 부여를 해주면 아이들의 생각이 점점 열리게 된다. 이런 활동들이 정규 수업에서, 공교육에서 일어나면 굳이 학원을 갈 필요도 없다.

학생뿐만 아니라 교사들 또한 입시에 대한 부담에서 자유로울 수 없다. 정승재 선생님처럼 교사는 배움이 있는 수업을 만들고 싶다는 교사로서의 욕망과 수능 점수를 올려야 한다는 현실적인 고민 사이에서 늘 갈등한다. 아무리 많은 지식과 정보를 주입한다고 해도 수능 점수를 잘 받기는 힘들다. 수능시험에서는 접해보지 못한 낯선 글들이 주로 나오기 때문이다. 그렇다면 가장 입시에 가까운 수업은 학생들이 처음 보는 글이라도 독해하고 해석할 수 있는 사고력을 키우는 수업이다. 그런 능력이 개발돼야지 수능시험이든 입학사정관제든, 면접시험이든, 논술시험이든 잘 치를 수 있다.

어떻게 아이들을 이끌 것인가

김태현 선생님은 교사들이 수업을 할 때 견지해야 할 수업 목표로 다음 세 가지를 제시했다.

첫째, 어떻게 내용을 잘 이해시킬 것인가. 교사는 먼저 배움의 포인트를 내용으로 들어갈 것인가, 형식적으로 들어갈 것인가를 결정해야 한다. 사실적 이해를 시키기 위해서는 아이들에게 개방적 질문을 통해서

텍스트에 흥미를 갖게 하고 그러면서 의미 있는 질문을 해야 한다.

둘째, 개방적 질문을 하라. '네', '아니오'와 같은 단편적 대답을 유도하는 폐쇄적 질문을 지양하라는 것이다. 교사가 엉뚱한 질문을 하거나 폐쇄적 질문이 주가 되면 수업의 흐름이 끊기거나 깨진다. 그러므로 창의적 사고를 유발하는 질문을 해서 아이들의 다양한 사고와 대답이 나오도록 유도해야 한다. 그러기 위해서는 기본적인 수업 틀을 정하는 것도 한 방법이다. 예를 들어 기행문을 배운다고 하면 마음 열기, 생각 쌓기, 생각에 날개 달기, 삶에 접속하기 등과 같이 단계별로 순차적으로 큰 틀을 정하는 것이다. 도입하고, 전개하고, 정리하듯이 말이다. 이와 같은 수업의 틀은 사실적 사고, 추론적 사고, 창의적 사고, 삶과 마주하기의 단계로 기초적인 사고에서부터 고도의 사고력으로 점진적으로 나아갈 수 있도록 도와준다. 이처럼 수업을 구조화하면 아이들은 자연스럽게 그 단계에 맞춰 사고를 한다. 1년 넘게 상위 인지 훈련을 수업 시간에 자연스럽게 받기 때문에 수능에도 굉장히 도움이 되는 수업 구조다. 결국 수능을 염두에 두지 않고 한 수업이 입시와 가장 비슷한 수업이 되는 것이다.

문학 작품을 통해 사실적 사고, 추론적 사고, 창의적 사고, 삶과 마주하기 등 다양한 활동으로 사고력을 기르는 것도 한 방법이다. 줄거리를 파악하고 괄호를 채우는 활동은 사실적 이해의 수준이지만 그렇게 녹록하지만은 않다. 그 내용을 요약해 한 단어 내지 한 문장으로 표현해야 하기 때문이다. 작가의 삶을 추측해보는 활동은 추론적 사고의 대표적인 예이다. 등장인물이나 작가의 연대기를 적거나 인생의 그래프 그리기를 통해 창의적 사고를 할 수 있다. 작품의 인물과 자신의 삶을 연결해서 자신의 아픔은 무엇인지, 자신의 인생 그래프를 그리고 어떻게 대처할 것인가를 이야기하면서 자연스럽게 자신의 삶을 작품에 녹여낼 수 있다. 결국 마지막 단계인 삶에 접속하기를 위해서는 고전이 우리 삶과 동떨어진 게 아니라는 것을 확인하는 것이다. 이처럼 수업의 흐름을 디자인하는 것이 필요하다.

또한 정보를 바탕으로 아이들의 생각을 사실적 사고, 추론적 사고, 비판적 사고, 창의적 사고로 장기적인 흐름 속에서 발전시켜야 한다. 하지만 조바심 많은 교사는 단계적 과정을 무시하고 A라는 글에서 뭐가 중요한지를 주입시키는 학원식 수업과 다를 바가 없는 수업을 한다. 짧은 시간에 최대한 많은 지식과 정보를 주입시켜야 한다는 조바심이 문제 풀이 중심의 수업을 하게 만드는 것이다. 단계적인 사고력을 통한 수업이 수능 문제와 밀접하다는 확신을 가져야 한다.

셋째, 수렴형 사고 프린트를 나눠줘라. 수렴형 사고 프린트란 중간고사, 기말고사에 나오는 다양한 문제들을 정리한 일종의 비급 프린트물이다. 프린트에 적힌 문제가 기말고사나 중간고사에 단 한 개만 나와도 그 파급 효과가 크다. 아이들은 학원 문제지를 보지 않고 교사의 프린트물에 집중한다. 내신을 올리기 위해 다니던 학원을 그만두고 학교 수업에 집중하고 충실해진다. 수업의 평가권은 교사에게 있는데 교사가 시중 문제지에 있는 것만 이야기하면 그 주도권을 강사에게 넘겨주는 것과 같다. 중간고사, 기말고사 문제가 교사가 나눠준 자료에서 나온다고 하면 아이들은 그 자료를 학원에서 나눠주는 프린트물보다 더 소중히 보관한다. 심지어 학원에서 이 프린트를 복사한다.

이규철 선생님과 김태현 선생님의 조언은 '좋은 수업은 무엇인가'에 대한 해답을 찾지 못해 답답해하던 정승재 선생님의 가슴을 시원하게 뚫어주었다. 그저 막막하게만 생각됐던 좋은 수업이 이제 구체적인 실체를 가지고 다가온 것이다. 수업의 재미를 웃기는 말과 딴 이야기에서 찾으려고 하고, 정작 수업을 할 땐 선생님 혼자 말하고 묻고 답하는 자기중심적인 수업이 어떤 문제가 있었는지, 어떻게 고치고 어떤 방향으로 나아가야 할지에 대한 길이 보이기 시작했다. 선생님에게는 수업의 전환점이 되는 계기인 셈이었다.

이제야 처음부터 전문가들이 했던 지적들이 다가왔다. 선생님은 이제야 비로소 좋은 수업을 위한 길이 열리는 것 같아 마음이 가벼워졌다.

흔들리면서 피어나는
아이들

소통의 수업이 시작되다

비렁뱅이 광문을 통해 조선 시대 양반 사회를 풍자한 연암 박지원이 쓴 소설, 〈광문자전〉에 대한 수업이 시작되었다. 정승재 선생님은 본격적으로 수업에 들어가기 앞서, 지난번 배운 〈광문자전〉의 줄거리가 잘 기억이 나지 않을 테니 상기하는 의미로 다시 한 번 짧게 읽어보는 시간을 줬다. 아이들은 광문이라는 주인공이 왜 이렇게 행동했는지 등등 궁금한 점을 메모하면서 차분히 수업을 준비했다.

이제 선생님은 앞만 보고 혼자 수업하지 않는다. 글을 쓰는 아이들 사이를 거닐다가 한 아이가 쓴 글을 보고는 어깨를 툭 치더니 엄지손가락을 추켜세운다. "멋있다!" 진심 어린 선생님의 표정에 아이도 뿌듯한 얼굴이다.

더욱 놀라운 건 글에서 엿보이는 아이들의 감수성이다.

"인생의 시련이란 타고 남은 재다. 나를 태워 재로 만드는 게 시련이
지만 그 재는 또 다른 나를 위한 유용한 밑거름이다."

"오오~ 박수 한번 쳐주세요." 비유적인 의미들을 자유자재로 쓰는
학생의 글에 선생님은 감탄하고 칭찬을 하며 아이들과 함께 호흡했다.

수업하는 내내 선생님은 아이들과 소통을 했다. 우리 시대의 작은 영
웅에 대해 발표를 하는 학생에게는 '좋다'라는 격려와 호응을 해줬고,
혼자 원맨쇼를 하듯이 줄거리를 전부 말하고 혼자 묻고 답하던 때와 달
리 아이들에게 질문을 하고 아이들이 대답할 동안 참을성 있게 기다렸
다. 수업을 할 때면 진도를 따라가지 못하는 낙오자가 당연하게 있었지
만 참여형 수업으로 바뀌면서 반 전체가 수업에 동참을 했고, 선생님의
말과 행동은 아이들에게 바로 전달됐다. 특히 시 수업에는 조는 아이들
이 없어졌다.

전문가들은 자신에게 성실 유전자가 들어 있다는 정승재 선생님의 말
마따나 그동안 거친 말에서부터 말의 빠르기, 자료 준비에 이르기까지
변화하기 위해 열정적으로 노력한 선생님의 의지를 칭찬했다. 후반부
로 갈수록 빨라지는 말투를 줄이기 위해 '아내에게 말할 때처럼 아이들
에게 말하기'를 정해 속도를 조절했다. 자신의 목소리를 녹음해서 수업

들어가기 전에 듣고 아내에게 말하듯 편하게 말할 수 있도록 노력했다.

선생님이 말하는 시간은 줄었지만 수업을 준비하는 시간은 오히려 많아졌다. 한 시간 수업을 하기 위해 적어도 여섯 시간은 준비해야 한다. 시간이 없다는 건 핑계, 교사는 수업이 완결 구조를 가지도록 계속 구상을 해야 한다. 삶과 문학을 연계시키는 건 아직 고민 과정에 있지만 오늘 과제에서 '아이들이 무엇을 생각할까'를 구체적으로 생각하면서 수업을 준비하는 스트레스도 덜었다. 전문가들에게 지적받던 거친 말은 되도록 순화를 하려고 노력했다. 그전처럼 농담이나 딴 길로 새는 일은 대폭 줄었지만 수업 하는 내내 선생님은 신이 났는지 더 활기차고 적극적으로 변한 모습이었다.

예전에는 수업 속에서 '어떻게 하면 아이들한테 유능한 교사로 보일까', '학원 강사보다 더 뛰어난 교사로 보일까'를 고민했지만 이제는 어떤 배움이 만들어지고 있는지를 고민하게 되었다. 생각의 전환은 고민의 방식도 바꿨다. 이제 선생님의 고민은 아이들이 즐겁게 잘 놀 수 있는 판을 디자인하는 것이다. 생각의 전환으로 생긴 선생님의 가장 큰 변화는 아이들의 말에 귀를 기울인다는 점이다. 아이들이 말을 할 때는 멈췄다가 잠시 침묵하는 새로운 습관도 생겼다. 숨 고르기를 하듯이 잠시 기다려주다가 말을 받아주는 행동에서 아이들은 선생님이 굉장히 깊게 고민하고 받아준다는 것을 느끼게 되었다.

정승재 선생님은 "아이들 이야기를 듣는 게 정말 재밌다"고 했다. 자꾸 아이들의 말에 귀를 기울이고 자꾸 듣고 싶다는 것이다. 아이들 감정을 읽고 아이들이 표현하는 걸 듣는 건 늘 상상한 것 이상의 또 다른 무언가가 화수분처럼 끊임없이 나온다고 했다. 매일 시험 공부만 하는 줄 알았던 아이들 가슴속에 저마다 꽃 한 송이가 있었다. 전에는 아이들 한 명 한 명이 눈에 들어오지 않고 집단으로 다가왔지만 이제 저마다의 마음이 느껴진다.

아이들의 평가도 기대 이상이었다. "학교랑 학원이랑 비교하는 게 쉽지 않잖아요. 학원은 소수고 학교에는 훨씬 많은 아이들이 있는데. 그런데 전혀 부족함을 못 느끼겠어요. 이게 진짜 문학 수업인 것 같아요", "제 꿈도 선생님인데요. 나중에 선생님 같은 선생님이 되어서 정말 제자들이 저를 선생님처럼 생각해주었으면 좋겠어요", "늘 존중받는 느낌이 들어서 정말 좋았어요", "선생님은 제가 만나본 선생님 중 최고의 선생님인 것 같습니다" 등 선생님으로서 들을 수 있는 최고의 호평이 쏟아졌다. 학원식 강의를 버렸더니 오히려 학원식 강의를 넘어섰다는 평가를 얻은 것이다.

우리 아이들은 흔들리며 피는 꽃이다

요즘 들어 선생님은 웃는 일이 많아졌다. 스스로 잘 웃는 선생님이라고 생각했지만 요즘엔 입꼬리가 계속 올라간다. 게다가 아이들이 '귀엽

다'고 생각한다. 선생님의 마음가짐도 달라졌다. 빨리 수업을 하고 싶다
는 마음이 앞서는 것이다. 스스로 깊이 못 느낀 작품 자체를 가지고 아
이들에게 전달해야 하는 일도 있었지만 이제 스스로 작품에 대한 이해
와 느낌을 충분히 생각하는 시간을 가진다. 스스로 온몸으로 느끼고 수
업을 심도 있게 준비하면 수업을 구성하는 질이 달라진다. 선생님은 그
것이 교사의 몫이라고 생각한다.

"수업을 준비하고 자료를 모으고 … 한 발 한 발 어렵게 나아가는 과
정들이 '이제 시작이라서 힘들구나' 하는 생각도 드는 한편 '나도 제대
로 된 걸 쌓는구나'라고 생각해요. (웃음) 좋아요. 솔직히 어렵고 힘들
긴 한데 기분은 좋습니다. 아이들한테 보여주면 진솔한 반응이 나오거
나 함께 공감할 때 아주 기분이 좋아요."

흔들리며 피는 꽃

도종환

흔들리지 않고 피는 꽃이 어디 있으랴.
이 세상 그 어떤 아름다운 꽃들도
다 흔들리며 피었나니
흔들리면서 줄기를 곧게 세웠나니
흔들리지 않고 가는 사랑이 어디 있으랴.

젖지 않고 피는 꽃이 어디 있으랴.

이 세상 그 어떤 빛나는 꽃들도
다 젖으며 젖으며 피었나니
바람과 비에 젖으며 꽃잎 따뜻하게 피었나니
젖지 않고 가는 삶이 어디 있으랴.

첫 스튜디오 촬영을 하면서 시를 좋아하고 시인을 꿈꿨던 선생님에게 가장 좋아하는 시 한 편을 낭송해달라고 하자 선생님이 선뜻 골랐던 시다. 길지 않은 시를 낭송하면서 선생님의 눈은 촉촉해졌고 목소리는 흔들리듯 떨렸다. 떨리는 감정을 주체하지 못해 한숨을 푹 쉬면서 띄엄띄엄, 마르지 않는 눈물을 닦기 위해 손을 들어 눈물을 훔치면서 끝까지 시를 낭송했다. 우리 아이들의 메마른 가슴에 문학을 심어주기 위해 시를 포기할 수 없는 선생님이라는 것을 정작 본인은 잊고 있었던 건 아닐까?

수업이 본 궤도에 오르면서 중단했던 시 읽기도 다시 시작했다. 예전엔 아이들이 시 같은 건 듣지 않는다고만 생각했는데 이제는 진지한 얼굴로 숨죽여 듣고, 마음으로 느끼는 아이들이 보인다.

선생님이 천천히 목소리를 가다듬고 진지하게 "외눈박이 물고기처럼 살고 싶다…"라고 시를 읽기 시작하자 오랜만에 박수가 터져나왔다. 아이들에게서 따뜻한 감성을 발견하는 일은 교사로서도 즐겁고, 행복한 일이다. 선생님은 그 기분을 '10년 만에 최고로 느끼는 행복'이라고 표현했다.

처음 선생님은 좋은 수업의 기술을 전수받겠다는 기대감으로 프로그램을 찾았다. 하지만 기대했던 것과 달라 중간에 고통도 있고 좌절도 있었다. 변화 과정에서 생각하지 못했던 부분을 계속 자극해 거부감이 든 것도 사실이다. 6개월 간의 코칭을 통해 선생님이 생각하는 최고의 수업에 대한 생각은 바뀌었을까?

"수업 속에서 제가 즐겨야겠다는 생각이 들었고요. 그다음에 그 즐거움이 아이들과 함께하는 즐거움이라는 것. 그러기 위해서는 무엇보다 관계가 중요하다는 깨달음을 얻었습니다."

아이들은 꽃이다. 아이들은, 우리 아이들은 흔들리며 피는 꽃이다. 그런데 아이들만 흔들리는 게 아니라 선생님도 흔들리며 줄기를 곧게 세운다. 그리고 선생님만 흔들리는 게 아니다. 선생님의 흔들림 속에는 늘 아이들이 함께하고 있다. 서로 그리고 함께 꽃을 피우기 위해 말이다. 다만 다른 건 흔들려도 흔들리지 말아야 할 것 하나, 선생님은 강사가 아니라 교사라는 바로 그 사실이다.

아이 마음을 상하게 하지 않고 원하는 바를 전달하는 대화법
– 관계지향적 대화와 사실지향적 대화

부모나 교사는 아이가 말을 안 들어서 고민이라고 하지만 아이와 대화가 되지 않는다면 우선 대화법에 문제가 있을 가능성이 크다. 아이는 관계지향적인 대화를 원하는데 부모나 교사는 사실지향적 대화로 아이의 기분을 보듬어주지 못하기 때문이다. 과연 좋은 대화란 무엇일까? 말을 듣지 않는다고 아이를 탓하기 이전에 아이와의 대화법은 어떠한지부터 돌아보자.

관계지향적 대화는 상대의 감성을, 사실지향적 대화는 사실 관계를 중시하는 대화법이다. 사회언어학자들은 여자는 관계지향적 대화에 강하고, 남자는 사실지향적 대화에 강하다고 말하지만 이는 아이와 교사, 아이와 부모 관계에서도 해당된다. 아이는 관계를 중요하게 여기는 반면, 복잡한 규정이나 권위를 그다음으로 여긴다. 부모나 교사와 친해지고 신뢰를 갖는 것이 대화의 목적이다. 그러므로 아이의 입장에서 마음을 헤아려주고, 자신의 마음을 인정하거나 격려하는 대화를 기대한다. 예를 들어 상대방이 자신의 말에 "정말 속상했나보다"와 같이 공감하거나 "이번에는 열심히 공부했구나"와 같이 인정하고 칭찬하기를 바라는 것이다.

그러나 아이를 대하는 부모나 교사는 경쟁에서 이기는 법, 규정, 절차 등을 중요하게 생각한다. "이번 시험에서 몇 점 맞았니?"와 같이 정보를 묻거나 지시를 할 때, 교사가 수업 시간에 지식을 가르칠 때, 잘못을 하나하나 지적하고 올바른 행동을 하도록 설득하는 목적으로 대화를 한다. 사실지향적 대화가 나쁜 것은 아니다. 사실과 정보를 주고받아야 할 때, 자신이 전하고자 하는 바를 간단명료하게 전할 때는 효과적인 방법이기는 하다. 하지만 사실지향적 대화로 간단하게 끝내야 할 때 관계지향적 대화로 바꾸어 잔소리를 하거나 감정적인 태도로 일관해 스스로 권위를 무너뜨리는 경우가 많다. 말의 무게감이 떨어지는 것은 물론이다. 감정이 격해질수록 말을 줄이고 핵심 내용만 사실적으로 말해야 하는데 오히려 관계지향적 대화로 끌고 가는 것이다.

이처럼 두 종류의 대화가 상황에 맞지 않게 사용되면 그 관계도 껄끄럽기 마련이다. 분위기에 따라 사실지향적 대화를 사용하거나 관계지향적 대화가 적절하게 사용되어야 하는데 그렇지 않으면 대화는 단절되고 관계에 보이지 않는 벽이 생기게 된다.

학생 : 수학 문제에서 4개나 틀렸어요.
어른 : 어휴, 그러게 열심히 하랄 때 했어야지. 다음 번엔 틀리지 말고 다 맞아야 돼.

아이가 수학 문제에서 4개가 틀렸다는 건 사실지향적 대화다. 그러나 그 이면에는 4개나 틀려서 속상하고 생각만큼 점수가 나오지 않았다는 불편한 마음 상태가 깔려 있다. 그러나 어른은 아이의 마음은 알아주지 않고 다음부터는 틀리지 말라는 관계지향적 대화로 끝을 맺는다. 우선 아이 입장에 서서 관계지향적 대화로 반응한 뒤 그 뒤에 말하고 싶은 바를 전해야 한다. "표정을 보니 열심히 공부했는데도 원한 만큼 성적이 나오지 않아서 속상하구나"라는 식으로 관계지향적인 대화로 시작하면 아이 마음도 열리고 나중에 말하려는 바도 잘 전달된다.

관계의 힘은
소통에서 나온다

소통의 힘은
세다

소통하지 않는 사람은 갇힌 물이다

2012년 런던올림픽에서 우리나라 올림픽축구대표팀이 올림픽 7회 연속 출전에 이어 동메달 수상이라는 쾌거를 올렸다. 한국 축구가 올림픽에 출전한 뒤 처음으로 이룬 기념비적인 성과의 원동력으로 많은 사람들이 홍명보 감독의 '소통의 리더십'을 꼽았다. 언론의 관심 또한 감독의 지도 방법에 집중됐다. 홍명보 감독은 코칭스태프와 선수 전원이 모인 자리에서 훈련영상이나 상대팀 경기영상 자료를 함께 보면서 의견을 나누곤 했다. 회의 내내 선수들과 감독 사이에 질문과 답변이 오가고 누구나 자유롭게 아이디어를 내놓았다. 감독과 코칭스태프가 작전을 세우면 선수들은 군말 없이 따라야 했던 예전 대표팀의 경직된 분위기와는 확연한 차이가 있었다.

감독과 선수, 고참 선수와 신참 선수들 간 소통이 원활해지자 선수단의 사기도 급상승했고 그 결과 축구 최강국과의 경기에서도 밀리지 않고 경기 흐름을 주도했다. 선수를 포함한 스태프진이 서로 공감하고 협력함으로써 일체감과 결속력을 이끌어내 목표를 초과 달성한 것이다.

글로벌 시대를 준비하는 기업도 예외는 아니다. 조직 내 신뢰를 구축하고 세계적인 경제 위기를 극복하는 방법으로 소통경영을 전면으로 내세우고 있다. 임원들의 현장 방문·간담회는 물론, 트위터·페이스북 등 소셜 네트워크를 활용해 소통 창구를 넓혀 저변을 확대하기 위한 노력들을 하고 있다.

소통 불능이 기업의 운명을 결정지은 경우도 있다. 한 휴대전화 제조업체가 애플의 아이폰이 나오기 3년 전에 터치스크린 디스플레이를 검토하다 낯설고 설익은 아이디어라는 이유로 도입을 무산시켰다. 운영체제의 성능을 개선하기 위해 엔지니어가 내놓은 500여 개의 제안마저도 묵살했다. 발 빠른 시장 상황을 반영하지 못한 그 회사는 결국 급속도로 변화하는 전자제품의 흐름을 따라가지 못한 채 내리막길을 걸었다.

그런데 소통의 중요성이 강조될수록 소통의 어려움을 호소하는 사람들이 많아졌다. 회사와의 갈등으로 여의도 한복판에서 칼을 휘둘러 동료와 지나가는 시민을 다치게 하거나 부모의 잔소리가 듣기 싫어서 폭력을 휘두르는 자식들 이야기 등 소통의 부재나 대화 단절로 생기는 사건 사고는 끊임없이 신문과 방송의 헤드라인을 장식한다. 과거에 비해 통신 · 미디어의 등장으로 여느 때보다 소통 통로가 다양해졌다고는 하나 역설적이게도 소통에 어려움을 호소하는 사람들은 많아졌다. 한 번의 클릭으로 시 · 공간의 벽을 뛰어넘는, 다양한 소통의 기회가 주어졌는데도 불구하고 히키코모리_{외톨이}, SNS 왕따 등 관계로 인한 문제는 더욱 심각해지고 광범위해졌다.

이러한 현상은 소통을 잘하기 위해서는 좋은 수단이 필요한 것이 아니라 다른 요소가 절실하다는 것을 말해준다. 바로 교감이다. 소통의 사전적 뜻풀이를 보면 '가지고 있는 뜻이나 생각이 서로 통하는 것', '뜻이 서로 통해 오해가 없음'을 의미한다. 나의 생각을 다른 사람과 교감해 상대방을 이해시키고 설득시킨다는 것이다. 사람과 사람 사이의 감정적인 공유가 없다면 소통은 애초에 이루어질 수 없는 것이다.

부모와의 대화를 거부하는 자녀들

부모와 자식의 소통 부재는 어제 오늘의 일이 아니다. 여러 기관에서의 조사에도 부모와 대화를 나눈 지 오래됐다는 아이들의 고백도 흔히 볼 수 있다. 그나마 어머니와는 한 시간 이상 대화한다는 대답이 42.5%로 높았지만, 아버지와는 대화 시간이 30분 미만이라는 대답은 42%나 되었다.

더한 것은 대화의 질이다. 부모와 자녀 사이의 대화는 성적이 대부분이었으며, 성적 때문에 부모와 싸우거나 말이 안 통한다는 경우는 더 많았다. 부모와 대화를 해도 제 심정을 이해해주기는커녕 숙제를 했느냐, 성적이 이게 뭐냐 등 잔소리만 한다는 것이다. 대화가 단절된 경우, 자녀들은 자기 방에 문을 잠그고 들어가 친구와 밤늦도록 문자 메시지를 주고받거나 사소한 일에도 화를 내고 부모와 대화를 거부하기도 한다. 자기 방에 틀어박힌 채 인터넷 게임에만 빠져 부모가 뭐라고 하기만 하면 욕설을 퍼붓는 경우도 있다.

전문가들은 부모 자녀 간의 관계가 이 지경이 된 것을 소통이 부족하기 때문이라고 말한다. 실제로 부모가 항상 아이의 편이라는 걸 알리고 진솔하게 대화를 나누면서 인터넷 중독이나 학교 폭력 등으로 문제아처럼 보이던 아이가 행동이 나아졌다는 이야기는 아이에게 관심이 있는 부모라면 한두 번 들어본 이야기일 것이다.

그렇다면 부모인 나는 아이와의 관계가 좋은 편일까? 노스캐롤라이나대학의 데일 슝크 교수 팀은 부모의 양육 태도를 다음 네 가지로 구분했다.

첫째, 통제형 부모다. 자녀는 무조건 부모가 정한 규칙을 따라야 하며 다른 의견은 절대 허용하지 않는다.

둘째, 대화형 부모다. 아이들의 의견을 존중하고 아이의 고민이나 문제에는 충분한 의사소통을 통해 아이 스스로 결정하도록 도와준다.

셋째, 자유방임형 부모다. 대화형 부모처럼 아이를 잘 관찰하고 말을 들는 것 같지만 규칙에 일관성이 없어서 지키지 못하는 경우도 많고, 부모 의견도 없는 데다 그저 자녀가 하고 싶은 대로 놔두는 유형이다.

넷째, 무관심형 부모다. 도무지 아이 생활에 관심이 없다. 자녀에게 요구사항도 없지만 아이의 요구도 무시하기 일쑤다.

당연한 선택이지만 많은 전문가들은 대화형 부모를 교육적으로 가장 바람직한 유형으로 꼽았다. 부모와 소통이 잘되는 아이는 자신의 생각을 숨김없이 내보이고, 안정감을 얻는다. 다른 아이들보다 감정 처리를 잘하고 학습에 흥미가 높다는 결과도 있다. 부모 자녀 간의 충분한 대화는 자녀의 정신 건강뿐 아니라 사회성이나 학습 발달에 긍정적인 영향을 끼치는 것이다.

소통이 바탕이 될 때 교육은 시작된다

교육이 제자리걸음을 하고 있는 사이, 공부만을 강요하는 선생님과 경쟁을 외치는 학교에 회의를 느껴 학교를 떠나는 학생들이 늘어나고 있다. 2011년 자료에 따르면, 우리나라 고교생 중 학업 중단자는 3만 9,000명이나 된다고 한다. 전체 고교생의 2%에 달하는 숫자다. 학업을 중단한 청소년들은 그 주된 이유로 학교생활에 적응하기가 힘들다는 점을 꼽았다. 학교에 다니면서 이러저러한 불만이나 갈등이 생겨도 어디 하나 풀 곳도 없고 이야기를 들어줄 사람도 없다는 것이다. 학교에 진로상담 교사가 있고 왕따와 같은 심각한 학교 문제에 대비한 외부 전문가들의 지원 제도가 있기는 하지만 한창 불안한 시기에 있는 학생들을 살피기에는 지원이나 교사 수가 턱없이 부족한 실정이다.

이 아이들을 돕기 위한 특별 교육 기관이 생겼다. 충남에 있는 Wee 스쿨은 우리나라 최초로 학교 부적응 학생들을 위탁받아 상담 및 치유 프로그램을 진행하는 곳이다. 이곳을 찾은 학생들은 학교에 돌아갈 준비가 될 때까지 장기간 체계적인 교육을 받는다.

기숙형 학교인 Wee 스쿨은 얼핏 보기에는 아이들이 떠나온 일반 학교와 크게 다르지 않다. 다른 점이 있다면 전문적인 상담 교사가 상주해 항상 학생들과 함께하며 대화를 이끌어낸다는 점뿐이다. 방법은 단순했지만 학생들은 상담 교사와 지속적으로 만남으로써 새로운 관계를 형성하고 심리적인 안정을 취했다. 자신의 잘못을 지적하지 않고 고민을 들어주며 아픔을 공유해주는 노력만으로도 학생들은 놀라운 변화를 보였다.

학교 폭력이나 절도, 교사에 대한 반항, 조울증 등 다양한 상처와 문제를 안고 Wee 스쿨에 들어 왔던 아이들의 91%는 다시 상급 학교로 진학하거나 진급했다. Wee 스쿨을 떠나 일반 학교에 다니게 된 학생들은 이후에도 각 지역에 있는 Wee 센터에서 지속적인 관심과 도움을 받고 있다. Wee 스쿨의 교육과정에 대한 만족도 조사에서 학생은 91.29%, 학부모는 99.65%가 긍정적으로 답한 것으로 조사됐다.

오랜 기간 방황하던 끝에 학교를 떠나기 직전까지 내몰렸던 학생들을 극적으로 치유할 수 있었던 힘은 바로 소통이었다. 가정에서도, 학교에서도, 사회 어느 곳에서도 마음을 열지 못해 힘들어하는 아이들에게 가장 필요한 것은 일방향적인 조언이나 지도가 아니라, 공감과 위로를 통한 소통이었다. Wee 스쿨 이야기는 진정한 교육은 소통에서부터 시작된다는 메시지를 다시 한 번 전해주고 있다.

무너진 관계는 교사를
무기력하게 만든다

"내가 이러려고 선생님이 됐나 싶을 정도로 제 뜻대로 되는 게 별로 없더라고요. 저는 나름대로 열심히 한다고 수업을 준비해 와도 제가 의도한 대로 진행되는 것도 아니고 그러다 보니 제가 애들에게 화도 많이 냈어요. 화를 내고 나면 관계가 상하는 것 같아서 그러지 말아야지 다짐하지만 다음 날 학교 가서 또 애들이 떠들면 기분이 상하고…. 이런 것들이 반복되면서 내가 지금 뭐 하고 있나 하는 생각이 들었어요."

– 정이든 선생님(여, 초임 2년차 중학교 국어 교사)

정이든 선생님은 2년차 새내기 국어 교사다. 처음으로 중학교 2학년 반의 담임까지 맡게 되면서 선생님의 어깨는 더욱 무거워졌다. 작년에는 선생님을 우습게 보는 아이들이 수업 시간 내내 떠들고 장난을 치는 바람에 교사로서 너무나 무기력하고 힘든 시간을 보내야 했다. 올해만큼은 작년과 같은 실수를 반복하지 않기 위해서 아이들을 엄격하게 대하려고 노력했다. 열정이 넘치는 선생님은 다양한 방법을 사용해서 수업 내용을 알차게 준비하곤 했지만 아이들은 좀처럼 관심을 보이지 않았다.

수업 외에 담임을 맡은 반 아이들의 생활지도를 할 때면 상황은 더 심각했다. 습관적으로 지각을 하거나 수업 시간에 떠드는 아이들을 혼냈는데, 뉘우치기는커녕 반항만 심해지고 잘못을 반성하는 모습은 좀처럼 찾아보기 힘들었다. 선생님은 점점 아이들을 대하는 일 자체가 너무나 버겁게 느껴지기 시작했다.

선생님은 아이들을 제대로 통제하지 못한다고 느낄 때마다 자신이 교사로서의 자질이 부족한 것 같아 괴로웠다. 아이들을 제대로 지도할 수 있는 방법이 있다면 무슨 수를 써서라도 배우고 싶었다. 선생님은 지푸라기라도 잡으려는 절박한 심정으로 변화를 위한 도전을 시작한 것이다.

소통 없는 자문자답식 수업

수업을 하기 위해 교실에 웃는 얼굴로 들어서던 정이든 선생님은 갑자기 그 자리에 멈춰 서고 말았다. 수업 종이 울렸지만 교실 안은 아직까지 자리에 앉지 않고 장난치는 아이들의 목소리로 소란스러웠다. 문 앞에 선생님이 서 있는 모습을 확인한 몇몇 아이들이 친구들에게 눈치를 주기도 했지만 대부분의 아이들은 선생님을 신경 쓰지 않고 자신들이 하던 얘기를 계속하거나 장난을 여러 번 친 뒤에야 자리에 앉았다. 선생님은 교탁 앞에 서서 아직까지 떠들고 있는 아이들을 말없이 바라보았다. 선생님은 조용해진 아이들을 향해 "할 얘기 끝났니? 선생님 수업해도 되겠니?"라고 말했다. 싸늘하고 딱딱한 말투였다.

본격적인 수업이 시작되었다. 선생님 혼자 질문하고 답하는 방식으로 수업이 진행되는 동안 대부분의 아이들은 졸음을 참지 못하고 하품을 하거나 딴짓을 하면서 지루해했다. 선생님은 아이들이 수업 내용을 잘 이해할 수 있도록 필기를 꼼꼼하게 시키려고 노력하는 편이었다.

하지만 아이들은 선생님의 수업 방식에 불만을 드러냈다. "자꾸 글만 쓰래요. 진짜 지루한 거 같아요", "수업을 너무 지루하게 하시는 것 같아요. 너무 필기를 강조하세요" 선생님이 많은 시간 동안 공들여 준비한 수업이었지만 아이들에게는 그저 지겨운 시간일 뿐이었다.

정이든 선생님은 항상 의욕적으로 수업을 준비했지만 아이들에게 거의 호응을 얻지 못했다. 종이 울렸는데도 떠드는 아이들을 조용히 바라보면서 수업 준비를 서두르라는 무언의 압박을 한 것이 수업 시간에 선생님과 아이들 사이에서 이뤄진 유일한 소통일 정도였다.

마치 독백을 하듯 자문자답을 반복하는 선생님은 수업 시간 내내 학생들의 눈을 마주 바라보지 않았다. 아이들에게 질문한 뒤에 그 반응을 살피기보다는 으레 대답이 나오지 않을 것이라고 예상하면서 습관적으로 물음을 던지는 경향도 강했다.

혼자서 외롭게 수업을 진행하며 정이든 선생님은 스트레스를 받았다. 자신도 아이들과 말을 주고받으며 수업을 재미있게 이끌어가고 싶었지만, 어떻게 해야 할지 몰랐다. 수업에 능동적으로 참여하지 못하고 겉도는 아이들도 힘든 것은 마찬가지였다. 선생님의 검사를 통과하기 위해 수업 내용을 빠짐없이 적기는 하지만 영 재미가 없었다.

수업 영상을 본 전문가들은 이런 질문을 던졌다. "선생님, 아이들에게 눈길을 두고 수업하나요?", "아이들에게 '안녕, 누구 어땠어?' 이렇게 질문을 던져 본 경험이 있어요?" 정이든 선생님은 수업 분석을 한다면서 왜 자꾸 아이들에 대해 묻는지 이해하기 힘들다는 반응을 보였다.

"누구에게 무엇을 가르치려고 하는가. 선생님께서 아이들에게 관심을 두고 이 수업을 진행하고 있는지에 대해 질문을 했습니다. 담임 교실이잖아요. 근데 저는 이 수업에서 선생님이 담임 선생님이라는 느낌을 한 번도 받지 못했어요."

– 서길원 교장 선생님

수업에만 집중할 것이 아니라 먼저 아이들에게 관심을 두어야 한다

: 수업 준비를 철저히 하는 것, 교과를 열심히 파악하는 것. 선생님이 생각한 좋은 선생님의 모습
이다. 하지만 아무리 노력해도 교실 속의 선생님과 아이들은 행복하지 않다.

는 전문가들의 지적이 선생님에게는 잘 와 닿지 않았다. 선생님과 학생의 관계는 수업의 분위기를 결정한다. 정이든 선생님과 아이들이 서로에게 무관심했던 이유도 바람직한 관계가 형성되어 있지 않기 때문이었다. 정이든 선생님은 수업 중에 아이들의 이름을 불러 본 적이 없었다. 의무적으로 이루어지는 담임 상담시간 외에는 사적으로 얘기를 나누지 않았고, 아이들이 고민을 상담하기 위해 선생님을 찾아오는 경우도 드물었다. 선생님은 틈날 때마다 수업 준비를 철저히 하려고만 했다. 그것이 좋은 교사가 되는 길이라고 생각했다.

아이들의 이름을 불러주지 않는 선생님

수업을 진행하던 선생님이 질문을 던지자 아이들이 작은 목소리로 대답했다. "자, 얘들아! '옹알이' 하지 말고 큰 소리로 대답합시다"라고 말하는 선생님의 말투와 표정은 마치 유치원생들을 가르치고 있는 듯했다. 정이든 선생님은 아이들에게 '어린이', '옹알이'와 같은 단어를 자주 사용했다.

아침 조회 시간, 교탁 앞에 서서 한참 동안 반 전체를 둘러보던 선생님이 입을 열었다. "선생님이 어제 절대 교실에서 용납할 수 없는 일을 한 사람을 발견했습니다. 누가 교실에서 침을 뱉니?" 선생님은 날카로운 표정으로 아이들을 나무라기 시작했다. "내가 지금 초등학생들을 데리고 있나? 유치원생들을 데리고 있나? 여러분한테 기본적으로 지켜야 할 공중도덕을 가르쳐준 사람이 없어요?" 긴장한 표정으로 선생님의 눈치를 살피던 아이들의 표정이 급격하게 어두워지기 시작했다.

전문가들은 선생님이 사용하는 단어에서 학생들을 존중하지 않는 태도가 드러나고 있다고 지적했다. 어른인 선생님에게 감히 맞먹지 말라는 경고의 의미로 자신도 모르게 중학생들을 '어린이'라고 낮춰 부르고 있었던 것이다. 존중받지 못하는 표현을 지속적으로 듣는 학생들은 무의식중에 자신들을 아직 어린 상태로 인식하므로, 성숙한 행동을 기대하기 어렵다. 존중하지 않는 표현은 아이들의 성장을 방해하는 심각한 결과를 가져올 수도 있었지만 정작 선생님은 문제의식을 거의 갖고 있지 않았다.

선생님의 이러한 태도는 아이들의 잘못을 꾸짖는 경우에 더욱 극명하게 드러났다. 선생님은 잘못된 점만을 지적하지 않고 더 나아가 아이들을 비하하는 듯한 내용의 훈계를 하고 있었다. 선생님의 꾸중을 듣는 아이들의 표정에서 뉘우침이나 미안함이 느껴지지 않는 이유도 이 때문이었다. 아이들을 존중하는 마음보다 짜증과 화가 묻어나는 선생님의 훈계는 아이들에게 상처를 줄 뿐 교육적 효과를 불러일으키지 못했다.

전문가들은 선생님에게 아이들의 입장이 되어서 생각해보라고 했지만, 선생님은 아이들을 존중해야 한다고 말하는 전문가들의 의견이 너무 이상적이라고 생각했다. 아이들 한 명 한 명에게 세세한 관심을 기울여야 한다고 조언하자, 선생님은 "그럴 여력이 없다"고 말했다. 선생님은 자신이 엄격한 표정으로 교실에 들어가지 않으면 흐트러진 상태로 떠들어대는 아이들을 통제하지 못할 거라는 두려움을 가지고 있었다. 하지만 학생들을 존중하는 것은 결국 선생님의 권위를 세우는 일이기도 하다. 학생들을 존중하는 선생님만이 학생들로부터 자발적인 존경을 받을 수 있기 때문이다. 정이든 선생님의 감정적인 훈육이나 강압적인 태도는 아이들과의 관계를 단절시켰을 뿐 권위를 세워줄 순 없었다.

"지금까지 아침마다 분위기를 잡아야 된다는 생각으로 들어간 거 같아요. 제가 너무 애들을 수용해서 작년까지 문제였고, 이제는 무서운 모습을 보여줘야 되는 때라고 생각했는데 그것도 아니었던 것 같아요."

전문가들은 정이든 선생님에게 10년 뒤에 학생들이 선생님을 어떤 모습으로 기억할 것 같은지 물었다. 한참을 망설이다가 화내는 모습만 기억할 것 같다고 대답하는 선생님의 목소리가 떨리고 있었다. 지금까지 관계 형성의 필요성에 대해 부정적인 태도를 취하던 선생님은 학생들의 눈에 비쳤을 자신의 모습을 돌아보면서 눈물을 흘리기 시작했다. 이것은 결코 자신이 원하던 선생님의 모습이 아니었다.

교사가 된 첫해에는 아이들을 통제하지 못해서 애를 많이 먹었다. 선생님이 수업을 하는데도 아랑곳하지 않고 잡담을 하며 무시하는 아이들을 보면서 달래보기도 하고 화도 내 봤지만 소용이 없었다. 그때 한 아이가 "선생님, 그러게 왜 처음부터 이미지를 잘못 잡으셨어요? 왜 저희에게 착하게 보이셨어요?"라고 했던 말은 크게 상처가 되었다. 조금 무섭더라도 잘 가르치는 선생님이 되고 싶었다. 아이들과 관계 맺는 것은 시간이 지나면 자연스럽게 해결되는 문제로 미뤄두고, 따로 노력할 필요조차 느끼지 못했다.

아이들의 마음을 두드리는 선생님의 고백

1차 미션

1. 아이들 앞에서 자기 고백하기
2. 인사를 통해 아이들 곁으로 다가가라

첫 번째 미션을 받은 다음 날, 선생님은 반 아이들 앞에 섰다. 선생님의 얼굴조차 쳐다보지 않는 아이들에게 처음으로 자기 고백을 하려니 좀처럼 용기가 나지 않는 듯했다. 한참을 망설이던 선생님이 어렵게 말문을 열었다. "지금까지 선생님이 여러분한테 하지 않았던 얘기를 하려고 합니다." 겨우 한마디를 뱉었을 뿐인데 선생님은 갑자기 터진 눈물에 당황하며 칠판 쪽으로 고개를 돌렸다. 조금 전까지만 해도 전혀 관심을 보이지 않던 아이들도 처음 보는 선생님의 모습에 많이 놀랐는지 걱정스러운 눈빛으로 선생님을 바라보기 시작했다.

“선생님 속마음은 여러분하고 잘 지내고 싶고 서로 웃는 얼굴로 좋은 얘기만 하고 싶어요. 아침에 여러분한테 화내지 않기, 그리고 들어와서 밝게 인사하기 미션을 받았습니다. 그래서 선생님이 그것들을 실천하려고 노력할 거고요. 혹시 선생님이 잊어버리면 여러분이 먼저 좀 챙겨주세요.”

아이들의 반응은 선생님보다 적극적이었다. 진지한 표정으로 이야기를 듣던 아이들은 선생님의 자기 고백이 끝나자 먼저 다가와주었다. 선생님의 장점을 언급하며 짤막한 칭찬을 해주기도 하고 두 팔을 벌려 선생님을 꽉 안아주기도 했다. 아이들과 눈을 마주치면서 미소를 짓던 선생님은 다시 눈물이 핑 돌았다. 아이들이 자신의 마음을 조금이나마 알아주는 것 같아서였다.

“선생님이 진짜 그렇게 이야기 할 줄은 전혀 몰랐어요.”
“저희가 생각 못했던 선생님의 어려운 부분을 많이 생각하게 됐고 저희가 선생님이랑 소통을 잘해서 그런 부분을 해결해야겠다고 생각했어요.”

아이들은 선생님의 갑작스러운 변화가 당황스러우면서도 먼저 용기를 내어준 것이 고마운 눈치였다. 선생님의 진심 어린 고백이 아이들과의 거리를 한 발짝 좁히는 계기가 된 것만은 분명했다.

두 번째 미션인 '인사하기'는 생각만큼 수월하지 않았다. 선생님은 수업을 시작하기 전 자리에 앉아 있는 아이들을 바라보며 한참을 망설이다가 결국엔 인사를 포기한 채 수업을 시작하고 말았다. 그렇게 몇 번이나 미션을 실패하던 선생님은 용기를 내어 "자, 여러분 안녕하세요?" 하며 처음으로 아이들에게 인사를 건넸다. 처음 듣는 인사말에 놀란 아이들이 의아하다는 표정으로 바라보자 어색해진 선생님은 서둘러서 수업을 시작했다. 그 뒤에도 선생님의 인사는 계속되었다.

"자, 2학년 2반 여러분 안녕하세요?" 수업 시간마다 인사가 반복되자 곧 익숙해진 아이들이 처음과 달리 별다른 반응을 보이지 않게 되었다.

아이들과 인사하기 미션은 정이든 선생님과 아이들 간의 관계를 맺기 위한 것이었다. 하지만 선생님의 정형화된 인사에는 아이들 곁으로 친근하게 다가가기 위한 노력이 빠져 있었다. 선생님이 건네는 인사가 학생의 마음을 열지 못한다면 좋은 수업은 결코 시작될 수 없었다. 선생님과 학생 모두가 행복해지는 수업은 서로가 마음을 열고 소통하는 관계를 바탕으로 이루어지기 때문이다.

힘든 고통 속에 변화의 싹은 움튼다

3개월간 계속된 코칭에도 불구하고 정이든 선생님의 수업에서는 큰 변화가 보이지 않았다. 선생님은 의욕적으로 수업을 진행하며 아이들과 눈을 맞추려고 애썼지만 학생들은 좀처럼 집중하지 못하는 모습이었다. 옆 자리의 친구를 쿡쿡 찌르면서 장난을 치거나 아예 뒤돌아 앉아서 다른 친구의 필통을 뒤적이는 학생도 보였다. 참다 못한 선생님은 속상한 마음에 아이들에게 화를 내고 말았다. "수업에 집중하는 게 선생님 위해서 하는 거예요? 선생님이 선생님 좋으라고 하는 거예요?" 선생님의 꾸중에 아이들이 좀 잠잠해지긴 했지만 도통 수업 분위기는 잡히지 않았다. 선생님의 훈계를 들으면서도 손장난을 하거나 멍한 표정을 짓는 아이들이 여러 명 보였다. 예민해진 선생님은 작은 소음을 낸 학생의 이름을 부르면서 날카롭게 지적했다. "자, 동현이 준이 경고 한 번씩." 선생님은 수업 중 떠든 아이들의 이름을 칠판 구석에 적고 패널티를 주는 방법으로 아이들을 통제하기 시작했다. 아이들도 선생님과의 거리가 다시 멀어지고 있음을 느끼는 듯했다.

어느 날, 선생님은 일주일 내내 지각한 두 아이를 복도에 세워놓고 주의를 주었다.

처음에는 좋게 타이르려던 선생님도 반항적으로 나오는 아이들의 태도를 보며 점점 화가 나기 시작했다. 선생님이 붙잡고 얘기를 하려고 하면 할수록 아이들은 선생님을 외면할 뿐이었다. 선생님은 아무리 노력해도 나아지지 않는 아이들과의 관계에 점점 지쳐가고 있었다. 이렇게 화를 내지 않고도 아이들을 잘 가르칠 수 있을지, 과연 아이들과 가깝게 지내는 좋은 선생님으로 거듭날 수 있을지 막막하기만 했다. 수업 시간에도 힘든 것은 여전했다. 담임 반 아이들이 다른 반 수업 때 보다 선생님의 수업 시간에 더 집중하는 것이 정상이건만 선생님의 담임 반 학생들은 오히려 평소보다 더 풀어져 있는 모습을 보이곤 했다. 선생님과 아이들의 관계가 완전히 무너져 있다는 반증이기도 했다.

"다른 선생님들을 보면 코칭을 통해 긍정적인 감정을 많이 갖고 계신 것 같은데 사실 저는 지쳐 있어요. 자존감이 바닥에 떨어진 것 같아요. 제가 뭐가 변했는지 잘 모르겠고, 학생들한테건 누구한테건 좋은 피드백을 받았으면 좋겠어요."

워크숍에 참가한 선생님은 눈물을 흘리면서 간절하게 도움을 호소하고 있었다. 이미 정신적으로 너무나 지쳐 있는 상태였지만 선생님은 이대로 포기하고 싶진 않았다. 아이들을 위해서 변하겠다는 약속만큼은 꼭 지키고 싶었다. 선생님은 스스로가 정한 틀 안에 갇혀 있다는 것을 깨달아야만 했다. 지금처럼 경직된 모습으로 아이들을 대하는 태도를 버리지 않는 한, 선생님에게서 어떤 변화도 기대하기 힘들기 때문이었다.

더디지만 한 발 한 발 다가가는 선생님과 아이들

선생님의 작은 관심에도 목마른 아이들

전문가들은 선생님이 더딘 속도지만 분명 변화하고 있음을 인지할 수 있도록 돕기 위하여 현장 코칭을 실시했다. 무엇보다 아이들과의 관계에서 완전히 무너져버린 선생님의 자신감을 회복하는 것이 급선무였다. 먼저 정이든 선생님의 수업을 꼼꼼히 관찰한 뒤에 촬영된 영상을 보면서 선생님의 장점을 함께 찾아보기로 했다. 전반적으로 분위기가 많이 처진 상태로 진행되던 수업은 선생님이 아이들과 적극적으로 질문과 대답을 주고받는 순간 거짓말처럼 활기를 띠기 시작했다. 아이들의 대답에 선생님이 호응을 해주는 모습을 지켜보던 동준이도 자신의 의견을 내놓기 시작했다.

"김진사가 왕이 돼요."

"어떻게 왕이 되죠?"

"반란을 일으켜서요."

다소 황당한 대답에 잠시 고민하는 듯했던 선생님이 "얘들아, 조심해. 저런 친구들이 혁명을 일으키는 친구들이야"라며 재치 있게 반응을 해주자 동준이의 표정에 생기가 넘쳐 났다. 평소 수업 시간에는 친구와 장난을 치느라 바쁜 동준이었지만 이 순간만큼은 누구보다 열심히 수업내용에 집중하고 있었다. 대답을 잘했다고 칭찬을 받은 동준이는 쑥스러운 듯 머리를 긁적이면서도 절로 나오는 웃음을 감추지 못 했다.

선생님이 수업을 진행하면서도 미처 그 중요성을 깨닫지 못하고 있었던 장면이었다. 선생님이 해준 작은 칭찬에 아이들이 이토록 좋아하는 줄은 모르고 있었던 것이다. 열심히 대답하는 아이들의 모습이 담긴 영상을 바라보는 선생님의 눈에 눈물이 맺혔다. 아이들의 마음을 제대로 알아주지 못했던 것에 대한 미안함과 그동안의 힘겨웠던 노력이 헛되지만은 않았다는 것에 대한 안도감이 담겨 있었다. 선생님은 현장 코칭을 통해서 아이들과의 관계가 좋아질 수 있을 것이라는 희망을 다시 발견할 수 있었다.

<선생님의 미션 일지>

아이들 속으로 다가가기, 학생들이 원하는 걸 생각해보자.……

아이들에게 더 많은 애정과 관심을 보이기 위한 선생님의 고민도 더욱 깊어져 갔다. 아이들과 나이차이가 많이 나지 않는 젊은 선생님이다 보니 요즘 아이들이 많이 쓰는 용어나 관심사에 대해서 모르는 것은 거의 없었다. 그래서 아이들과의 소통도 무리 없이 이루어지고 있다는 자만에 빠졌던 것이 잘못이었다. 아이들이 원하는 것을 알기 위해서는 아이들의 입장에서 생각해보는 연습이 필요했다. 관계개선집중연구에 참여한 선생님은 역할극을 통해서 선생님께 혼나는 학생의 역할이 되어보기로 했다.

참여 선생님 : 기분 나쁜 거 내가 이해는 하지만.
정이든 선생님 : 이해하지 마세요. 학교 안 다니면 돼요. 저 학교 안
　　　　　　　다닐 거니까 상관하지 마시라고요.

별 다를 게 있을까 싶었는데 학생의 입장이 되어서 듣는 선생님의 훈계는 선생님일 때와는 너무나 다른 감정이 느껴졌다. 선생님이 꾸중을 하면 할수록 반항하게 되고 좋게 타이르는 말도 그저 귀찮은 잔소리로만 들릴 뿐이었다. 무엇보다 그동안 정이든 선생님이 아무리 좋게 말해줘도 좀처럼 고집을 꺾지 않고 반항하던 아이들의 감정이 조금씩 이해되기 시작했다.

'학생들에게 마음을 열어야 한다', '아이들에게 관심을 갖고 소통하는 게 중요하다'

선생님은 그동안 머리로만 이해했던 관념들을 이제는 가슴 깊이 공감할 수 있을 것 같은 기분이 든다고 했다. 그동안 선생님은 아이들을 지도하는 바탕에는 선생님으로서의 카리스마가 필요하다고 생각하곤 했었다. 무엇보다도 반항이 심한 아이들을 과연 소통의 방법만으로 제대로 지도할 수 있을까 하는 의구심이 컸던 것도 사실이었다. 그래서 아이들에게 다가갈 때 항상 잘못된 점을 고쳐주거나 바람직한 방향으로 이끌어주는 선생님의 역할을 잊지 않기 위해 노력했다. 하지만 그런 태도는 선생님과 학생 모두에게 별 도움이 되지 않는다는 사실을 깨닫게 된 것이다.

아이들과의 관계 회복은 '두려움'을 극복하는 데서 출발한다

선생님의 관심을 진심으로 싫어하는 학생은 없다. 학생을 대하는 선생님의 방법이 잘못되어 있거나, 선생님 스스로 학생들이 원치 않을 거라고 지레짐작하는 바람에 그 관계가 멀어지고 있을 뿐이다. 정이든 선생님은 자신이 먼저 다가가더라도 아이들이 부담스러워 관심을 거부할 것이라는 두려움이 있었다. 하지만 여름 방학 즈음에 반 아이들이 선생님에 대해 인터뷰한 영상을 본 선생님은 아이들이 가장 절실하게 바라고 있는 것이 '관심'과 '소통'임을 실감할 수 있었다.

"선생님이 애들과 친해지고 장난도 많이 치고 그랬으면 좋겠어요."

“개인 면담이 좋은 이유는요, 선생님이 저에 대해서 알아가고 선생님하고 얘기하는 게 서로 친해지니까 좋은 것 같아요.”

친해지는 것. 즉 서로의 관심사를 공유하면서 개인적으로 가까워지는 것이 아이들이 정이든 선생님에게 가장 절실하게 바라는 일이었다. 정이든 선생님은 거절당할 것이 두려워서 아이들에게 적극적으로 손 내밀지 못했던 자신을 책망했다. 좋은 수업을 하기 위해서 다양한 연수도 받고 강의도 들으며 수업 준비도 착실히 했지만 무언가 채워지지 않는 느낌이 들곤 했었다. 한 학기 동안 최선을 다해 노력했다고 생각했지만 아이들과의 소통은 부족했다는 생각에 늘 미안함이 앞섰다.

하지만 이어진 인터뷰 영상에서 아이들은 선생님도 미처 잊고 있었던 기억들을 꺼내기 시작했다. 작년까지만 해도 잘 보지 않았던 야구 경기를 열심히 시청해서 남학생들과 공감대를 형성하거나 여학생들이 풀어 놓는 소소한 이야기에 귀기울여줘서 좋았다는 아이들의 얘기를 듣는 선생님의 얼굴에 미소가 번지기 시작했다. 가끔씩이나마 자신들과 소통해주는 선생님에게 아이들은 고마워하고 있었다. 선생님은 아직도 많이 부족하다고만 생각하고 있었지만 아이들은 벌써 선생님과의 관계 형성에 신뢰를 가지기 시작했던 것이다. 자신도 모르는 사이, 아이들과 소통을 조금씩 시작했음을 깨달은 선생님은 계속해서 도전할 용기와 자신감을 갖게 되었다.

존중은 관계의 첫걸음이다

아이들의 이야기를 들어줄 줄 아는 선생님

개학식이 있는 날. 교문을 열고 들어오는 학생들의 모습이 보이기 시작했다. 그 어느 때보다 밝은 표정으로 교실에 들어선 선생님은 아이들을 찬찬히 살펴보며 미소를 지었다. 성장기 아이들이 방학 동안 부쩍 자란 모습을 흐뭇하게 바라보는 선생님의 눈빛에는 사랑이 가득 담겨 있었다. 학기 초, 수업이 시작돼도 자리에 앉지 않고 떠들고 있는 아이들을 차가운 표정으로 말없이 바라보던 것과는 전혀 딴판인 모습이었다. 한참을 망설이다 겨우 한마디 내뱉고 눈물을 흘려야 할 정도로 힘들어했던 자기 고백도 이제는 당당하고 자연스러운 태도로 웃으면서 할 수 있게 되었다.

"수업 시간에 '내가 만약 10을 가르쳐야 된다.' 이러면 나는 1000을 알고 있어야 된다. 이런 부담감을 갖고 수업 준비를 했어요. 학생들이 만약에 선생님에게 믿음을 갖고 있다면 실수를 하더라도 저 선생님은 선생 자격 없는 거 아니야? 이런 생각까진 들지 않겠구나, 그래서 여러분도 실수해도 괜찮고 선생님도 실수해도 괜찮겠구나, 이런 생각이 들었어요."

그동안의 힘들고 두려웠던 선생님의 이야기를 솔직하게 아이들에게 털어 놓기 시작했다. 그리고 이제는 선생님과 아이들 사이의 믿음을 갖기 위해 노력하겠다는 약속을 듣게 된 아이들의 표정 또한 여느 때와 달리 진지했다.

선생님이 한결 여유로워졌다. 선생님이라면 항상 학생들에게 완벽하고 강한 모습을 보여야 한다는 강박관념에서 벗어나자 매일 학교에서 아이들을 만날 때마다 자신도 모르게 긴장하며 무서운 표정을 짓던 버릇도 사라졌다. 선생님은 매일 아침 교실에 먼저 나와 아이들을 기다렸다가 한 명씩 반갑게 맞아주는 것으로 하루를 시작했다. 인사를 건네며 일일이 아이들의 안부를 묻기도 했다. "웬일로 오늘은 체육복을 입고 왔어?", "성준아 오늘 머리 안 감고 왔어? 급하게 왔어? 지각 안 했네."

아이들은 겉으로는 어색해하는 듯 보였지만 속으로는 누구보다 선생님의 변화를 반기고 있었다. 선생님과 개인적으로 대화를 나누는 시간은 결코 길지 않았음에도 아이들은 선생님과 부쩍 친해졌다고 생각했다. 선생님과 사적인 얘기를 나눌 수 있는 아침 조회시간이 재밌고 훈훈하게 느껴진다는 아이들도 많이 생겼다.

선생님은 가장 늦게 오는 학생이 수업을 마치고 집에 돌아갈 때 동행했다. 일종의 벌칙일 수도 있었지만 선생님도 아이들도 이 시간을 즐거운 이벤트처럼 받아들이게 되었다. 함께 걸으면서 아이의 집이 학교와 얼마나 멀리 떨어져 있는지 알게 되니 아이가 또 지각을 하게 되더라도 무조건 화를 내기보다는 뛰어오느라 고생했다며 어깨부터 두드려주게 되었다. 그러자 지각이 잦았던 아이들이 점차 일찍 등교하는 일이 많아졌다. 요즘은 왜 지각을 안 하냐고 선생님이 물어도 아이들은 별 다른 이유를 찾지 못했다. 그저 예전에는 아침에 졸리면 도로 잤는데 이제는 그냥 바로 일어나서 씻고 학교에 온다는 단순한 대답을 할 뿐이었다. 누구도 강요하지 않았지만 아이들은 스스로 자신의 단점을 고쳐나가고 있었다. 잘못을 지적하기에 앞서 잘못을 저지르는 아이를 이해하고자 했던 선생님의 작은 노력이 아이들이 변하게 된 원동력이 되었다.

학생들을 이끄는 따뜻한 리더십

선생님이 아이들에게 대학 탐방을 갈 대학을 정하자고 제안했다. 아이들이 각자 관심 있는 학교의 이름을 말하자 선생님은 칠판에 목록을 작성해 나갔다.

　"선생님, 잘생긴 사람 많은 대학이요."
　"그런 대학은 없어요."
　"선생님, 저희들은 이화여대로 갈래요!"
　"지금 남학생들이 자꾸 이대를 말하는데 선생님은 이대 캠퍼스를 돌아다니면서 남학생이 견학하는 건 한 번도 본 적 없거든. 가능한지 잘 모르겠어."

　이따금 아이들은 엉뚱한 질문을 던져서 분위기를 산만하게 만들기도 했지만 선생님은 이런 아이들의 의견도 무시하지 않고 적절하게 대꾸해주면서 웃어 넘겼다.

　칠판에 목록이 정해지자 선생님은 아이들에게 손을 들어 투표를 하게 했다. 대학교가 정해지고 마무리가 될 때쯤 학교 탐방에 교복을 입고 가기 싫다며 아이들이 반발하기 시작했다. 그러자 선생님이 아이들에게 "괜찮아, 애들아. 대학생들은 교복 입은 중학생들을 무서워하거든. 우리가 가서 마음 놓고 다닐 수 있어!"라고 하자 교실은 순식간에 웃음바다가 됐다. 방금 전까지만 해도 사복을 입겠다며 조르던 아이들도 더 이상은 고집을 피우지 않았다.

　학기 초, 아이들과 학급 규칙을 정하는 미션을 수행하면서 소란스러운 교실 분위기를 통제하지 못하고 쩔쩔 매던 선생님이 이제는 능수능란하게 학급 회의를 진행하고 있었다. 아이들의 다양한 의견을 반영하면서도 주제에서 크게 벗어나지 않도록 조절하는 노련함이 생긴 것이었다. 선생님에게 이런 극적인 변화가 가능했던 것은 아이들과의 돈독한 유대관계 덕분이었다.

정이든 선생님의 담임 반 교실 뒤 게시판에는 선생님과 아이들의 관계 회복 비결인 '데이트 신청 편지'가 붙어 있었다.

'선생님이 제안합니다. 2반의 색다른 데이트… 좀 더 여러분과 가까워지고 싶어요. 쌤이 애정 표현이 많은 사람은 아니지만 여러분과 찐하게 친해지고 싶은 마음 받아주세요.'

처음에는 데이트를 신청하는 아이들이 거의 없었다. 선생님은 우선 몇 명만 선정해서 방과 후에 함께 분식집도 가고 부담 없이 얘기를 나눴다. 이 시간만큼은 아이들에게 선생님이 아니라 나이 많은 친구처럼 대하려고 애썼다. 주저하던 아이들도 다른 친구들이 선생님에게 맛있는 것을 얻어먹었다는 소식을 듣고는 용기를 내서 신청하기 시작했다.

함께 어울리면서 아이들끼리 하는 얘기를 열심히 들어주자 아이들은 선생님에게 평소 궁금하던 것들을 조금씩 물어보기 시작했다. 데이트 내내 스스럼없이 대화를 나누다 보면 선생님이 모르고 있던 아이들의 세계가 보이기 시작했다. 누가 누구를 좋아하게 되었는지, 아이들이 은

근히 무서워하는 학생은 누구인지, 남학생들이 학원을 빠지고 놀러가는 곳이 어디인지. 그냥 듣기만 했을 뿐인데 어느새 아이들은 선생님을 자신의 일원으로 받아들여주었다. 학생 지도를 할 때도 길게 훈계할 필요가 없어졌다.

모두가 참여하는 활기찬 수업

정이든 선생님이 판서하고 있는 칠판에는 삐뚤빼뚤한 아이들의 글씨도 적혀 있었다. 선생님은 더 이상 혼자서 수업을 진행하지 않았다. "드라마를 많이 보는 동현이의 생각은 어때?", "대찬이는 어떻게 생각해?" 선생님은 특정한 아이의 이름을 불러서 질문하고 대답할 때까지 여유를 갖고 기다려줬다. 아이들에게서 어떤 대답이 나오든 선생님은 함부로 판단하지 않고 최선을 다해 반응을 보여줬다. 선생님이 아이들의 대답을 무시하지 않고 존중해주자 이제 따로 지목해서 질문할 필요가 없을 정도로 여기저기서 손을 들고 수업에 참여하려는 아이들이 많아졌다.

"아빠가 장애인. 그 아버지가 장애인이었다? 네, 또 나영이는?" 나영이가 쑥스러운 듯이 자신의 머리를 만지작거리면서 대답했다. "그냥 포기하기 싫어서 죽은 거잖아요." 나영이의 대답을 들은 선생님이 놀랐다는 표정을 숨기지 않고 교실 전체를 둘러보며 얘기했다. "네, 애들아.

나영이가 보석 같은 말을 했어요." 선생님의 칭찬을 들은 나영이가 부끄럽다는 듯이 한 손으로 얼굴을 가리고 웃었다. 아이들의 말에 집중하여 꺼낸 칭찬의 힘은 대단했다. 자극받은 다른 아이들이 적극적으로 대답을 하기 시작하면서 수업은 활기가 넘쳐났다.

정이든 선생님의 수업이 즐거워졌다. 수업 시작부터 끝까지 아이들에게 시선을 주지 않던 예전 선생님의 모습은 완전히 사라졌다. 아이들에게 기죽지 않기 위해 선생님이 과거에 내세우곤 했던 권위적인 말투나 행동도 고쳐졌다. 선생님의 태도가 바뀌자 아이들은 기꺼이 선생님의 수업에 참여하기 시작했다. 선생님이 아이들에게 일일이 관심을 가져주고 칭찬을 해줄수록 아이들의 자존감과 수업에 대한 흥미 또한 높아져 갔다. 지루하게만 느껴졌던 선생님의 수업에 대한 아이들의 평가도 완전히 달라졌다.

"정이든 선생님은 만나기 힘든 분이라 생각해요. 왜냐면 수업 때 아이들을 제압하려면 선생님들이 무서워지시잖아요. 그래서 주눅이 드는데 선생님은 그날 나갈 진도도 다 나가시고 애들을 잘 웃게 해주시거든요."

존중은 변화의 씨앗이다

어느 분야의 신입이 다 그렇듯, 새내기 교사에게도 첫 3년은 경험 부족으로 인한 수많은 시행착오를 겪는 시기다. 대학에서 몇 년씩 이론을 공부하고 교생 실습까지 무사히 마쳤다 해도, 좁은 교실에서 가지각색의 아이들과 부대끼다 보면 예상치 못한 어려움에 부딪히기 마련이기 때문이다.

또 학교 발령 이후 첫 3년은 교육자로서의 인생 방향을 결정하는 중요한 시기이기도 하다. 선생님들 사이에서는 '초보 교사 3년 버릇이 정년까지 간다'는 말이 있을 정도니까 말이다. 이 시기에 교사로서 아이들과의 관계를 잘 맺는 데 성공하면 자신이 꿈꾸었던 이상적인 교사상에 가까워질 가능성이 높아진다고 해도 무방하다. 그러나 아이들과 처음부터 틀어지기 시작하면 교직생활 내내 그 관계를 개선하기란 참으로 어렵다.

교육 현장에서 발생하는 다양한 문제 상황에 유연하게 대처하고 아이들과의 관계를 잘 맺는 데 성공하려면 어떻게 해야 할까? 전문가들은 '학생들을 먼저 존중하라'고 말한다.

정이든 선생님 역시 학생들을 대하는 태도에서 문제를 해결하는 열쇠가 숨어 있었다. 바로 잘못된 교사상에서 야기된 실수다. 학기 초에는 학생들의 분위기를 확실하게 잡으라는 조언을 듣고는, 학생들에게 무섭고 딱딱한 인상을 주기 위해 노력했다. 그러나 학생들을 훈육하는 과정에서 엄격하고 권위적인 태도를 유지하면서 아이들은 선생님으로부터 멀어졌다. 경험이 부족한 선생님은 학생들이 자신을 무시한다고 받아들이고 더욱 더 무섭게만 대하려고 했다. 고무공의 반발력이 커지듯, 교사의 통제와 학생의 반발이 계속해서 커져만 가는 악순환을 낳았다. 선생님의 지시사항을 단체로 어긴다거나, 친구들끼리 모여 불만을 토로하는 식의 행동에는 '선생님이 우리를 이렇게 대하지 않았으면 좋겠다'라는 마음이 담겨 있다.

반대로 학생들과의 거리 좁히기에만 치중한 나머지 훈육자의 역할을 제대로 수행하지 못하는 것도 문제다. 친구처럼 친근한 교사의 태도는 얼핏 학생들을 존중하는 것 같아 보이지만, 그 역시 학생들을 성숙한 인격체로 대한다고 보기는 어렵다. 아무리 어린 학생이라도 당위성에 따라 규칙을 지키고 공부할 수 있는 자율성을 갖추고 있다. 학생의 자율성을 이끌어낼 줄 알아야 좋은 교사다.

학생을 존중하는 태도를 갖는 것은 좋은 교사가 되는 데 필수적인 요소이다. 학생들은 선생님이 무엇을 이야기하는지보다, 나와 어떤 관계를 맺고 있는 선생님인지에 더 큰 관심을 갖는다. 평소 학생들을 존중하고 관계를 잘 맺어두었다면 선생님이 조금 서툴게 이야기를 하더라도 그 이야기가 받아들여진다. 교사의 권위는 성공한 교수법이 아니라 소통을 전제로 한 학생들과의 관계에서 나오기 때문이다.

정이든 선생님의 수업이 즐거워졌다.
더불어 아이들도 행복해졌다.

아이에게 존댓말 쓰세요?
– 정서 발달 과정으로 알아보는 존중의 기술

존댓말 사용은 학생을 동등한 인격체로 존중하고 있음을 표현하는 가장 기본적인 수단이다. 수업 시간에 학생들이 스스로 존중받고 있다고 느낄 때와 그렇지 않을 때를 비교하면, 교육 효과에서 크게 차이가 난다. 한 지역에서 12개 고교 20개 학급을 대상으로 한 심층인터뷰 결과 존댓말 수업 학급의 경우 학업 성취도가 높고, 왕따나 폭력 등의 문제가 적은 것으로 나타났다. 왜 이런 현상이 벌어지는지는 아동의 정서 발달과정을 살펴보면 알 수 있다.

영아기

생후 5~6개월이면 벌써 나와 남을 구별해 인식하기 시작한다. 12개월이면 부모의 목소리나 동작을 모방하기도 하고 다른 사람과의 상호작용도 더 많이 한다. 24개월이 지나면 다른 사람의 감정을 느끼고 남을 위로하거나 도울 줄도 안다.

⋯→ 생후 2년이면 사람은 '관계'를 위한 행동을 시작한다.

유치원

사회성과 도덕성에 대한 지식이 급격하게 발달하는 관계 형성의 황금기다. 만 3세가 되면 남자와 여자를 구분하고, 자신의 성별이 무엇인지 안다. 만 4세가 되면 역할놀이를 시작하고, 만 5세에는 성인과 비슷하게 말할 만큼 언어가 발달한다.

부모를 모방하는 것에 익숙한 아이는 이때에 부모와의 관계에서 사회생활의 기초를 배운다. 부모가 아이를 과잉보호하면 아이는 이기적인 아이로, 부모가 자주 싸움을 하면 아이는 공격적인 성향을 보인다.

또한 언어능력이 폭발적으로 느는 시기로, 언어생활 역시 부모를 닮아간다. 게다가 언어생활은 음성언어뿐 아니라 말투나 손짓 등 비언어적인 부분을 포함하므로 부모가 대화에 임하는 태도와 분위기 역시 모방의 대상이 된다.

⋯▸ 부모가 아이를 존중하는 말투와 행동이 본격적으로 아이에게 영향을 미치기 시작한다.

초등 저학년

학교생활을 처음 시작하며 집단생활로 인한 소속감이 발달하고, 여러 사람들과 폭넓은 상호작용이 이뤄지기 시작한다. 다른 사람의 생각을 이해하게 되고 심리적 의도도 알아차리는 기회가 많아진다. 친구와 계속 놀이를 하기 위해서는 자신의 입장과 친구의 입장을 조정하는 것이 필요함을 배우는 것 등이 그렇다.

학교생활을 통해 규칙도 배운다. 이 시기의 아이들은 규칙을 절대적인 것으로 여기고 무조건 복종한다. 규칙이란 강력한 권위를 가진 사람들이 정해 놓은 것이기 때문에, 바꿀 수 없다고 여기고 어기면 처벌을 받는다고 생각한다. 따라서 규칙을 세우고 아이가 그것을 따르게 하기 위해서는 우선 부모나 교사가 권위를 가진 사람으로 인식되어야 한다.

⋯▸ 사회의 여러 규칙을 이해하고 따르는 훈련을 하는 시기. 교육자는 아이에게 나의 권위를 바로 세우기 위해 무엇을 어떻게 사용할 것인가를 결정해야 한다. 힘을 사용해 세운 권위는 언젠가 한계에 부딪히기 마련이며, 아이를 수동적으로 만든다.

사춘기를 겪으며 친구들의 평가가 중요해진다. 자기가 인기 있는 아이인지 아닌지를 중요하게 생각하고, 이에 따라 자존감에 영향을 받기도 한다. 그러므로 친구들이 여럿 모인 곳에서 평가를 내릴 때에는 사소한 칭찬이나 비난에도 자존감이 쉽게 높아지거나 낮아진다는 점을 유의해야 한다.

규칙이란 사람들의 합의에 따라 변경될 수 있다는 것도 안다. 필요에 따라서는 위반할 수도 있다는 것도 인지한다. 규칙을 어기고서도 변명을 늘어놓으면서 잘못을 합리화하려는 모습도 보인다.

어릴 때엔 규칙도 잘 지키고 바른 생활을 하던 아이도 갑자기 달라질 수 있다. 그것은 이 시기에 추상적인 사고와 상대에 대한 공감 능력이 발달하면서 규칙을 어긴 사람을 바라보는 시각도 함께 변하기 때문이다. 이전까지 규칙을 어기면 처벌이 따르는 것을 당연하게 여겼다면 이제는 그렇지 않다. 규칙을 위반한 사람의 의도나 느낌을 중요하게 생각하고 관찰한다. 아이들이 종종 "나도 잘못했지만 엄마(또는 선생님)도 나에게 너무 심하게 대하셨다"고 불평하면서 태도나 말투를 문제 삼는 것도 같은 맥락이다. 그래서 평소 관계를 잘 맺어두지 않으면, 교육자의 의도가 제대로 전달되지 않아 애를 먹는다.

⋯▶ 상대와의 심리적 공감대가 강해지는 시기. 특히 또래집단이 지켜보는 가운데 공개적으로 아이를 대할 때에는 자존심이 상하지 않도록 하는 것이 필수다. 부모와 교사는 이제 모방의 대상이 아니라, 공감과 평가의 대상이라는 점을 명심해야 한다.

이 시기에 청소년은 자신과 타인을 구별하려 애쓰며, 사회의 모든 사람들이 자신을 주목하고 있다고 생각한다. 유난히 패션이나 유행 등에 관심을 보이며 개성을 중요하게 생각하는 것도 이 때문이다.

중 · 고등학교 윤리 교과서에는 청소년기란 '나는 누구인가'에 대한 물음을 통해 자아정체성을 찾는 시기라고 설명돼 있다. 이것을 청소년들이 가지는 구체적인 고민으로 바꾸면 다음과 비슷할 것이다.

– 나다운 건 어떤 걸까?
– 맨날 학교, 집, 학교, 집… 나는 뭐 하려고 사나?
– 나는 왜 '엄친아'나 '엄친딸'이 되지 못할까?

앞선 질문이 삶의 목표를 반영한 주체적인 자아에 대한 고민이었다면, 마지막 질문은 객체로서의 자아에 대한 고민을 반영한다. 부모님, 선생님, 친구들, 선후배 등이 나에게 기대하는 것은 무엇인지 깨닫고, 그것에 부응하려 노력한다. 모범생으로 여겨지면 되도록 모범적으로 행동하려 하고, 불량학생으로 취급받는다는 걸 알면 평소보다 더 불량스럽게 행동하면서 자아정체성을 확립해 나간다. 그리고 이렇게 정해진 자아정체성은 또래친구들과의 관계에 영향을 미치고, 이후 아이의 삶을 지배하게 된다.

⋯▸ 일생을 좌우할 자아정체성을 확립하는 시기. 아이들을 무시하는 말투로는 기대하는 바를 전달할 수 없기 때문에 아이들을 올바로 지도할 수 없다.

가르치는 교실을
성장의 교실로

질문을 통해 성장하는 교육

또는 핀란드 교육, 그 중심에는 질문이 있다

학원이 없다. 숙제도 거의 없다. 주 5일제 수업은 적게는 주당 19시간, 많게는 30시간으로 이뤄진다. 하루 평균 4시간에서 6시간을 학교에서 보내는 셈이다. 시험을 치긴 하지만 해당 과목을 얼마나 이해하는지를 확인하는 수준이라 성적이나 등수를 매기는 일이 없다. 시험 문제도 답을 써라가 아니라 자신의 생각을 쓰는 문제 위주다. 수업에 뒤처진 학생들에게는 교사가 우선 배치되어 수준별 교육이 같은 교실 내에서 이뤄진다. 쉬는 시간이 되면 아이들은 교실 밖으로 나간다. 비가 오면 비옷을 입고 겨울이면 두툼한 코트를 걸치고 자연을 가까이에서 느끼며 마음껏 뛰어논다. 수업이 끝난 뒤에는 대부분 놀이를 즐기거나 책을 보거나 공부를 한다. 목공, 공예, 바이올린, 요리, 바느질 등 예체능이나 가정, 기술과 관련된 다양한 프로그램이 있어서 그중 한 가지를 선택해 전문적으로 배울 수 있다. 학생들은 협동 학습을 통해 지혜를 모으고 토론과 질문을 통해 교사가 던진 문제를 해결한다. 한 반에 수준은 들쭉날쭉하지만 다양한 수준의 아이들이 모둠을 이루자 오히려 학업 성취도가 더 높아졌다.

— 〈핀란드 교육을 말하다〉 중에서

입시 경쟁으로 열병을 앓는 우리 학부모와 교사들에게 핀란드 교육은 신선한 충격이었다. 우리 교육과는 거의 정반대편에 있는데도 불구하고 학업성취도 평가에서는 1, 2등을 놓친 적이 없다. 수업 시간은 우리의 절반에 가깝고, 사교육도 거의 없는 핀란드가 우리나라보다 앞설 수 있는 이유는 무엇일까?

역사적 배경이나 문화가 다른 나라임을 감안해야겠지만 핀란드 교육이 성공할 수 있었던 근본적인 사고방식은 '경쟁은 교육에 해롭다'는 생각이다. 학교와 학생에 등수를 매기며 친구조차도 넘어뜨려야 할 경쟁자라고 가르치는 우리 교육의 관점에서 보면 도무지 이해하기 힘든 방식이다. 핀란드 교육의 근본에는 대단히 실용적인 사고가 깔려 있다. 혼자 성공하기보다는 협동을 통해 성공할 가능성이 높기 때문이다. 혼자 가지 말고 다함께 가자는 교육 철학은 곳곳에서 발견된다. 평가 역시 개개인으로 이뤄지는 법이 없고 모둠 단위로 이뤄진다. 좋은 평가를 받기 위해서는 서로 도와 모둠 전체가 좋은 결과를 내도록 노력해야 한다.

과학 수업이나 수학 시간에 교사가 하는 일은 모둠 단위로 문제를 해결할 수 있도록 적절한 질문을 던지는 것이다. 교사가 질문을 던지면 아이들은 모둠을 이뤄 미리 인터넷이나 도서관에서 찾은 자료를 가지고 토론하며 답을 찾아갔다. 어디서나 그렇듯이 모둠 중에는 자료 준비가 덜 된 아이가 있는가 하면 이해력이 떨어지는 아이도 있기 마련이다. 아이들은 이러한 문제도 모둠 속에서 나름대로의 방법으로 합의점을 찾았다. 잘 이해하지 못한 아이가 주제와 관련 없는 엉뚱한 질문을 퍼부으면 먼저 이해한 아이가 설명을 하고, 다른 아이가 보완하는 식이다. 모둠 수업은 교사의 관찰 아래 활기차게 이루어졌으며 아이들은 수시로 "왜?"라는 질문을 던졌다.

대한민국 교실에서 질문이 사라지고 있다

베스트셀러가 된 책 『정의란 무엇인가』, 『돈으로 살 수 없는 것들』의 작가로 유명한 마이클 샌델 하버드대 교수는 '정의론' 수업 장면을 통해 수업 방식이 어떻게 바뀌어야 하는가를 보여주었다. 그의 강의는 질문식 수업으로 유명하다.

샌델 교수가 공리를 위해 개인이 희생하는 것이 당연한가의 문제를 사례로 들자 여기저기서 학생들이 손을 들었다. 샌델 교수는 그 토론의 중심에서 답변에 역공을 퍼붓기도 하고, 다른 학생의 답변을 유도하면서 끊임없이 질문을 이어갔다. 나중에는 교수가 끼어들지 않아도 학생이 질문하고 학생이 답하는 상황이 어색하지 않고 자연스러웠다.

우리 부모 세대와 선생님들이 생각하는 수업과는 다른 풍경이다. 그동안 부모와 선생님에게 익숙한 교실 풍경에는 빽빽하게 칠판을 채우는 교사와 노트 필기를 하거나 기계적으로 답하는 학생들이 있었다. 초중고뿐만이 아니라 높은 경쟁률을 뚫고 들어간 대학교의 풍경도 별반 다르지 않다. 교수는 판서를 하거나 프리젠테이션을 하고 학생들은 침묵 속에 경청을 한다.

우리 기억 속의 수업에서는 호기심으로 손을 들어 질문을 하는 학생은 공부 잘하는 소수의 학생에게만 국한된 이야기다. 열린 질문으로 아이들과 대화를 주고받으며 공부 의욕을 자극시키는 교사 또한 손에 꼽을 정도로 적었던 기억뿐이다.

한 언론사가 전국 초중고 교사를 대상으로 한 조사는 교실에서 질문이 사라질 수밖에 없는 현실을 잘 짚어주었다. 응답자 중 80%에 가까운 선생님이 진도 부담이 있는 한, 활발한 질문 수업을 만들기 어렵다고 대답했다. 질문과 토론이 활발한 수업은 진도를 늦춘다고 말한 교사도 약 74%에 이르렀다.

교사를 포함한 다수의 전문가들은 교실에서 질문이 사라지는 원인을 '입시 위주의 교육'과 '과다한 학급당 학생수'를 꼽았다. 학생은 학원에서 선행학습을 통해 수업에서 배울 내용을 이미 익혔기 때문에 더 이상

질문을 하지 않게 되었고, 가르쳐야 할 학생이 많은 선생님은 진도와 시간에 쫓겨 더 많은 지식과 정보를 전달하는 데 치중한다는 것이다.

질문은 좋은 수업을 가늠하는 중요한 길잡이다. 자신이 사는 세계에 대한 호기심이 있어야지만 그에 관한 질문이 나오기 때문이다. 선생님은 질문을 활용해 아이들 스스로 답을 찾아가도록 수업을 이끌고, 학생은 질문을 통해 수업에 대한 호기심을 드러낸다. 이렇게 질문을 주고받는 수업이 학습 효과가 높다는 건 잘 알려진 사실이다.

질문에 적절한 답을 구하면 꼬리에 꼬리를 물듯이 다시 질문이 이어지고 답을 찾는 과정이 선순환되는데 학년이 올라갈수록 주입식 교육에 익숙해지고 공부는 호기심이 아니라 의무적으로 해야 하는 것으로 여겨진다. 어릴 적 엄마 손을 붙들고 "엄마가 죽으면 어떻게 돼?" 하고 죽음의 두려움을 질문하던 꼬마는 커가면서 주어진 답안과 정보를 기계적으로 받아들이는 데 길들어져버리고 마는 게 우리 교육의 현실이다.

가르치는 교실을 배움의 교실로

일선에서 수업하는 선생님들이 자주 호소하는 것 중 하나가 아무리 일어나라고 잔소리를 해도 엎드려 자는 아이들을 보면서, 그리고 학원에서 미리 배운 내용이라 시시하다고 말하는 아이들 앞에서 무기력함을 느낀다는 것이다. 교사를 무시하고 잘 따르지 않는 아이들 앞에서 교사란 어떤 존재인지를 생각하고 회의를 느낀다는 말이 많이 들려온다.

갈수록 대한민국에서 교사로 살아가는 게 힘들다는 푸념이 그냥 웃어넘길 농담처럼 들리지 않는다.

달라진 교사의 권위와 수업에 흥미를 잃은 아이들 앞에서 교사들은 수업에 참여하지 않는 아이들을 탓하고 공교육의 위기라고 말하지만 아예 희망이 없는 것은 아니다.

백묵과 칠판, 교과서, 교탁에서만 벗어나도 아이들과의 관계는 놀랍게 변한다. 우리나라뿐 아니라 강의식 수업을 벗어나 좋은 수업을 만들려는 교사와 교육학자들의 연구와 노력이 줄을 잇고 있는데 그중 하나가 우리에게도 익숙한 협동 수업이다. 교사는 강의를 줄이고 학생끼리 모둠을 이뤄 토론하는 방식으로, 사토마나부 도쿄대 교육학과 교수가 처음 만든 방식이다.

협동 수업은 우선 교실의 자리배치부터 다르다. 선생님을 향해 한 방향으로 늘어놓은 책상과 의자는 없다. 아이들의 책상을 4개씩 붙여 한 모둠을 이루고 모둠 구성원들은 서로 눈을 맞추고 주제를 탐구하고 토론을 한다. 당연히 조는 아이도, 딴짓을 하는 아이도 없다. 협동 학습은 아이들의 참여를 최대한 끌어올린다. 조별 토론과 발표를 기본으로 주제를 탐구하고 표현한다. 교사는 각 모둠을 돌며 수업 시간을 알려주고 학생들을 독려할 뿐이고 수업을 주도하는 것은 학생들이다. 진도를 빨리 나가야 한다는 조급함에 교과 내용을 가르치려고 했던 교실이 배움의 교실로 바뀌는 것이다.

흔히 진정한 가르침과 배움을 말할 때 '교학상장敎學相長'을 인용한다. 가르치고 배우면서 서로 성장한다는 뜻의 고사성어다. 아이들보다 조금 더 먼저 살았고 먼저 공부한 게 있어서 사회생활을 하고 성장하는 과정에서 조언을 해줄 수 있는 존재, 때로는 잘못된 행동을 했을 때 그건 아니라고 부모처럼 지적을 해줄 수 있는 존재, 그런 존재가 선생님일 것이다.

학교라는 공간에서만 훌륭한 사람, 잘 가르치는 사람이 아니라 아이의 삶 전체를 바꿀 수 있는 존재, 진정한 선생님의 역할을 찾기 위한 또 다른 노력이 필요하다.

교실에 교사가 없다

"아이들과 의사소통을 하고 싶었습니다. 화내는 교사가 아니라 마음이 통하고 행복하게 같이 꿈을 꾸고 나아가는 수업을 하고 싶습니다. 아이들과 함께 생활하는 교사가 되고 싶습니다."

— 안민기 선생님(남, 초등학교 5학년 교사)

이제 교사 경력 6년째에 접어든 안민기 선생님은 교사로서 첫 발령을 받았던 때를 가장 재미있고 즐거웠던 해로 기억했다. 학교 가는 게 즐겁고 행복했는데 해가 갈수록 마음이 아프고 점점 고단해졌다고 했다. 시시때때로 아이들과 부딪쳤고, 그런 와중에 화만 내고 있는 자신을 발견했다. 폭발하듯 화를 내고 나면 마음이 후련해지는 게 아니라 오히려 두려움만 생겼다.

교사로서의 바람이 있다면 아이들과 통하는 것이다. 통하기 위해서는 서로의 말에 귀를 기울이는 게 기본이다. 그러나 아이들은 수업 시간이나 생활 지도를 할 때 선생님의 말을 들어주지 않고 통제도 되지 않았다.

지금 선생님이 아이들과 소통하는 유일한 창구는 일기장 검사다. 선생님은 아이들이 제출한 학습 일기와 생활 일기를 읽고 자신이 하고 싶은 말을 꼼꼼하게 댓글로 달아주었다. 어느 정도 아이들의 마음을 읽는 데는 성공했다고 생각했지만 그것만으로는 채울 수 없는 빈 자리가 자꾸만 느껴졌다.

눈을 마주치지 않는 선생님

아이들이 없는 빈 교실, 책상에서 일을 하던 선생님이 급히 비디오카메라를 설치했다. 수업 장면을 찍어 아이들의 모습을 관찰하고 고칠 점이 있으면 고치기 위해서다. 그러나 카메라만 아이들을 보고 있을 뿐, 선생님의 눈은 다른 곳을 향해 있다.

선생님은 수업하는 내내 아이들에게 등을 보이고 칠판을 보며 말을 했다. 선생님이 등을 돌리자 아이들은 멍한 표정으로 있거나 장난을 쳤다. 심지어 아예 수업을 듣지 않는 아이들도 있었다.

잠시 후, 아이 하나가 선생님을 불렀다. "선생님! 선생님!" 손까지 번쩍 들며 애타게 외쳤건만 선생님은 끝내 아이들을 보지 못했다. 그저 카메라만 바쁘게 돌아갈 뿐이었다.

선생님은 수업하는 내내 아이들을 전혀 바라보지 않았다. 그러다 보니 선생님과 아이들은 다른 공간에 있는 것처럼 보였다. 선생님은 아이들이 말을 들어주지 않는다고 했지만 정작 아이들의 말에 귀 기울이지 않았던 건 선생님이었다.

안민기 선생님은 아이들의 말을 들어주는 대신 소통의 방법을 문서나 사진으로만 찾았다. 맨 처음 교실에 오자마자 카메라 셔터를 켜는 이유도 자신이 보지 못한 아이들의 모습들을 볼 수 있지 않을까 하는 기대 속에서 시작한 일이다.

아이들과 눈을 맞추고 대화를 통해 관계해야 할 부분을 카메라로 보고, 일기 쓰기로 대체하자 교사가 즉각 대처해야 할 일들도 바로 대응하지 못하는 부분이 생겨 정상적인 관계가 잘 이뤄지지 않은 게 소통불능의 가장 큰 원인이었다.

그런 선생님에게 아이들은 어떤 점수를 주었을까? 아무리 좋은 의도를 가지고 좋은 이야기를 하더라도 다가가기가 제대로 되지 않으면 전달이 되지 않는 법. 아이들은 잘 웃지도 않고, 화나면 소리를 지르고, 구체적으로 설명을 안 해주고 넘어가고, 지루한 말만 잔뜩 한다는 이유로 선생님에 대한 점수를 백점 중 0점, 1점 등을 주었다. 선생님의 예상치인 60점, 65점을 훨씬 밑도는 가혹한 점수다.

지속되는 회피 전략

"국어사전을 꺼내서 약분과 기약분수의 뜻을 찾아 쓰세요."

선생님이 말하자 아이들 몇몇이 사물함에 있는 사전을 꺼내러 갔다. 스스로 개념을 찾게 하려는 의도는 좋지만 영 관리가 되지 않는다. 칠판에 나와 문제를 푸는 시간에도 아이들은 전혀 집중을 하지 못하고 교실은 갈수록 소란스러워졌다.

수업이 끝날 무렵, 갑자기 소희가 울기 시작했다. 선생님은 소희에게 다가가지 않고 멀찌감치 서서 "왜 우는데?" 묻기만 하다가 "자, 소희는 (지금) 있었던 일을 쓰세요. 왜 우는지 쓰세요"라고 말했다. 왜 우는지 옆에 가서 들어주는 게 아니라 글로 써서 제출하라는 것이다. 친구의 놀림으로 속상한 소희는 울음을 멈추지 못했지만 선생님은 소희를 바라보기만 할 뿐, 어쩔 줄 몰라 하다가 수업이 끝났다. 결국 소희를 달래러 온 건 친구였다.

수업 진행에 있어서도 안민기 선생님은 회피 전략으로 일관했다. 선생님은 기약분수와 약분 용어가 나오자 사전을 찾아보라고 하고는 확인조차 하지 않고 넘어갔다. 낱말 뜻을 정확하게 알기 위한 좋은 의도에서 시작한 활동임에도 불구하고 아이들은 국어사전을 갖고 놀거나 장난을 쳤고, 선생님은 이를 보지 못했는지 제재하지 않았다. 게다가 아이가 질문하면 옆의 짝꿍과 서로 가르치면서 하라는 식으로 선생님의 도움이 필요한 상황을 회피하고 넘어갔다. 준비되지 않은 상황에서 아이들 사이에서 배움이 일어나는 경우는 드물다. 자칫하면 답을 베끼는 수준이 되거나 잘못된 개념을 주고받는 경우도 있다. 심한 경우 학원에서 선행학습을 한 아이에게 수업의 주도권이 넘어갈 위험도 있다.

선생님은 말을 잘 못하기 때문에 아이들과 직접 말하기보다는 글로 대화하는 게 편하다고 전했는데 이것도 전형적인 회피 전략이다. 수업 시간에 두세 번 공지사항을 전달했는데도 아이들이 제대로 듣지 못하고 또 물을 때, 선생님이 있는 앞에서 아이들끼리 거친 주먹다짐을 할 때 선생님이 말려도 잘 듣지 않으면 화를 내게 되고 목소리가 높아질까 봐 두려워했다. 이러한 두려움이 아이들과 직접적으로 대면하는 대신 생활 일기와 학습 일기 쓰기로 대체하도록 만든 것이다.

화면 속의 선생님은 우는 아이를 달래주는 게 아니라 그 아이에게 왜 그러는지 글로 써서 제출하라는 말뿐이었다. 소희의 감정을 알아주고 등을 토닥이면서 아이를 보호해야 할 순간에 선생님은 아이들과 거리 두기를 했다.

"소희는 어디서 보호받아야 되죠? 누구로부터 보호받아야 되죠?" 송곳 같은 전문가의 말이 선생님의 심장을 파고든다. "… 그 역할을 제가 해야 되는데…." 힘들게 말하던 선생님은 미안하고 속상한 마음에 결국 고개를 떨구고 눈물을 흘리고 말았다. 아이 마음을 모르는 게 아니다. 알면서도 가까이 가지 못했다. 상처받을까 두려워, 아이들의 마음을 모른 척한 것이다.

아이들이 가장 필요로 할 때 그 손을 잡아주지 못했던 선생님을 보고 전문가는 '교실에 교사가 없다'고 표현했다. 아이들이 수업 점수를 0점, 1점으로 줬을 때도 표정의 변화가 없던 선생님은 전문가의 평과 아이들을 대하는 자신의 모습에 충격을 받은 듯했다.

선생님에게는 학습 기술에 대한 코칭이 아니라 심리적으로 회피하게 만드는 두려움과 불안에 직면하는 작업이 필요하다. 이를 정확히 응시하지 않으면 선생님은 열심히 하는데 아이들은 잘 따라오지 않는 상황이 이어지고 언젠가는 분노로 폭발하게 될 것이다.

전문가들은 이와 더불어 수업 진행에 있어서 시간과 시간 사이의 경계가 불분명한 점도 지적했다. 교과 시간 내에서도 수업의 출발 지점과 중간에 아이들이 활동해야 할 지점, 마무리해야 할 지점이 구분돼야 한다. 수업 시작 전에는 조금 느슨하게 있다가도 수업 시작 종이 울리면 교과서를 펴고 선생님을 볼 준비가 되어 있어야 하는데 선생님은 그러한 준비 과정 없이 습관적으로 수업에 들어갔다. 사전 찾기 활동을 할 때도 마찬가지다. 사전을 찾는 시간은 주되 확인하는 지점을 없애 혼란을 가져왔다. 수업의 안내자인 선생님이 수업의 경계 지점을 분명히 잡아주지 못하자 아이들은 상황에 몰입하지를 못하고 배움에 대한 흥미를 잃어버렸다.

수업은 영화 한 편을 감상하듯이 기승전결이 있어야 한다. 기승전결이 없는 영화는 재미가 없듯이 기승전결이 없는 수업은 몰입도가 떨어

: 교실 안에 선생님이 없다. 아이들은 선생님이 자신들을 싫어한다고 말한다. 교점을 찾지 못한
관계회복의 열쇠는 선생님이 쥐고 있다.

진다. 단, 수업의 기승전결에는 선생님의 안내가 필요하다. 도입 단계에서 무엇을 배우고, 왜 배워야 하는지 안내해서 아이들의 흥미를 유발하고, 그다음 단계에서는 어떻게 하는지 그 방법을 명확하게 알려줘야 한다. 열심히 도전하는 아이들에게 실력이 늘었다고, 자랑스럽다고, 기쁘다고 칭찬하고 격려하는 것도 안내자의 일이다. 칭찬받은 아이는 칭찬받은 기쁨으로, 칭찬받지 않은 아이는 다음에 칭찬받기 위해 더 노력해야겠다는 동기 부여를 갖는다.

선생님들이 힘든 교직 생활에도 마음이 든든해지고 용기를 얻을 때는 아이들이 가까이 다가올 때라는 말을 많이 한다. 세상 물정 모르고 선생님의 통제 속에 있는 것 같으면서도 선생님이 마음을 주면, 아이들은 선생님의 가장 큰 지지자이자 격려자로 바뀐다. 어렵다고 생각될수록 아이들 속으로 깊이 들어가면 그 상처가 치유된다는 선배 교사들의 말도 이런 이유 때문이다. 특별한 노력이나 기술이 필요한 게 아니다. 아이들한테 편안하게 다가가 함께 웃으면, 아이들도 깔깔거리고, 그러면서 교사 안에 있는 과거의 많은 상처들이 치유가 된다.

그렇다면 메마른 안민기 선생님의 얼굴에 웃음꽃이 피는 날이 올 수 있을까?

두려움을 깨고
아이들을 바라보자

눈을 맞추며 소통하기

"아이들에게 다가가는 것이 때로는 두려운 일이 될 수도 있습니다. 그러나 다가가지 않고 멀리 서 있기만 한다면 그 두려움은 극복되기 어렵습니다. 한 발씩 다가가 상처를 주기도 하고 받기도 하면서 갈등을 극복해갈 때 '내가 정말 아이들을 사랑하는구나', 또 '아이들이 날 사랑하는구나' 하는 것을 발견할 수 있습니다. 다가가는 것에 대한 두려움을 이기는 방법은 역설적이게도 조금씩이라도 다가가기를 하는 것에 있습니다. 안민기 선생님한테는 다가가기 연습이 많이 필요한 것 같습니다."

– 신을진 교수

많은 선생님들이 아이들에게 잘해주고 싶은데 생각과 달리 행동으로 옮기기가 힘들다는 말을 한다. 마음과 다르게 행동은 차가워지는 순간들이 있다. 이럴 때는 스스로를 깨고 나오는 용기가 필요하다. 지금 안민기 선생님에게 가장 필요한 건 아이들이 선생님의 마음을 받아줄 거라는 믿음과 관심을 갖고 다가가면 선생님을 좋아할 거라는 자신감이다.

1차 미션

1. 이름을 부르며 아침 인사하기
2. 아이들과 눈을 맞추며 소통하기

주어진 미션은 아이들의 이름을 부르며 인사하고, 눈을 맞추며 소통하는 것이다.

부지런한 선생님은 미션 수행 첫날, 누구보다 먼저 교실에 와서 아이들을 기다렸다. 하나둘 아이들이 오자 "동민아 안녕~" 인사를 한다. 엉겁결에 선생님을 따라 고개를 꾸벅이긴 했지만 하루아침에 달라진 선생님이 어리둥절할 뿐이다. 급기야 "선생님, 기분이 너무 좋으신 것 같아요"라는 농담 아닌 농담에 선생님이 오랜만에 환하게 웃었다.

다음 날도 선생님의 노력은 계속됐다. "남훈이, 안녕", "세훈이는 자리로 가세요", "유진이 어제 늦게 잤어? 아침부터 와서 하품을 하네" 아이가 냉큼 배고파서 그렇다고 대꾸하자 선생님이 하하하, 웃었다. 선생님의 커다란 웃음소리에 아이들도 표정이 밝아졌다. 아이들 곁으로 다가가 먼저 말을 건네는 선생님은 기분이 좋은 눈치다. 한 번씩 주춤거리거나 물러설 때도 있지만 스스로 생각하기에도 처음 학기를 시작할 때보다 아이들 앞에 몇 발자국 다가선 느낌이다.

첫 미션은 그렇게 쉽게 적응했지만 '눈을 맞추며 소통하기' 미션은 아직 선생님에게는 산 넘어 산이다. 칠판을 떠나 아이들 앞에 서긴 했지만 선생님은 아이들의 눈을 보지 않고 책만 봤다. 아이들은 여전히 수업에 집중하지 못한 채 딴 곳을 보거나 지우개를 머리에 올려놓는 등 심심풀이 장난을 쳤다. 미션은 아직 절반의 성공이다.

더욱 소란스러워진 수업, 고함이 지배하는 교실

1차 미션에서는 관계를 개선하는 데 주안점을 두었다면 이제부터는 산만하고 중심이 없는 수업 분위기를 개선해야 한다. 선생님에게 본격적인 변화를 위한 2차 미션이 주어졌다.

2차 미션

· 학급 규칙을 세워라

학급에 규칙을 세워 소란스러운 교실을 잠재우는 것이 핵심이다. 교실은 거대한 사회의 축소판과 같다. 학생들이 학교를 졸업하고 사회에 나가면 사회의 구성원으로서 지켜야 할 규칙이 있다. 학교는 사회 속에서 정립된 법의 기초를 아이들 마음에 내면화하는 데 의미가 있다.

며칠 후, 선생님이 반 아이들에게 복사물을 한 장씩 나눠줬다. 종이엔 선생님이 만든 규칙이 빼곡하게 적혀 있다. '칠판에 쓰인 대로 아침활동을 합니다', '8시 35분에서 8시 55분까지는 독서를 합니다(화요일에서 금요일)' 등 다 외우기도 벅찬 규칙들이 갑자기 생겼다. 그러자 기대와는 다르게 상황이 거꾸로 돌아갔다.

수업은 여전히 소란스럽기만 했다. 아이들이 떠들고 딴짓을 하자 선생님은 지난번에는 쓰지 않던 벌점을 주기 시작했다. 칠판에 적힌 벌점은 점점 쌓여만 갔고 교실에선 불만이 쏟아져 나왔다.

상황은 점점 심각해졌다. 선생님이 몰아부칠수록 아이들은 더욱 삐뚤어져만 갔다. 수업 중인데도 돌아다니기까지 하는 아이들도 생겼다. 시험지를 나눠주던 선생님이 참다못해 소리를 질렀다. "다 제자리에 앉습니다. 앉아!", "앉아, 공부시간이야!" 무섭게 말해도 아이들은 반응이 없다. 오히려 불난 데 부채질하듯이 "선생님, 근데요. 다 먹으니까 15분이었어요"라고 항의를 한다. "그럼 곧장 교실로 와야지!" 선생님의 고함소리도 더욱 커졌다. 급기야 최후 수단인 "손 머리, 눈 감어!"라는 불호령이 떨어졌고, 불만에 찬 표정으로 아이들은 손을 올렸다. 선생님도, 아이들도 잔뜩 화난 모습이다.

교실에 규칙이 생겨난 후, 예전보다 도저히 통제가 안 될 정도로 소란스러워진 이유는 무엇일까? 규칙은 최소한의 약속이다. 그런데 선생님은 경계_{규칙} 세우기 미션을 강압적이고 통제적인 방식으로 오해했다. 어디서나 경계 세우기는 반드시 필요하고 그것에 알맞은 방식이 있을 텐데 선생님은 규칙을 통해 아이들을 통제해야 한다고 잘못 생각한 것이다.

교실에 규칙을 세우기 위해서는 아이들의 동의와 합의가 필요하다. 이를테면 아이들에게 학급에서 해야 할 것과 하지 말아야 할 것 두 가지를 적어오게 해서 의견을 모아 취합하는 것도 한 방법이다. 책상 정리정돈을 해야 한다든가, 물건을 옆에 넣지 않는다 등 아이들에게 가장 필요한 규칙을 정하게 해 학급 전체의 규칙을 공동으로 정하는 것이다. 이렇게 정한 학급의 규칙은 학생들만이 아니라 교사에게도 적용된다. 아이들을 포함해 교사도 참여해 결정한 규칙이기 때문에 스스로 지켜야만 한다.

그러나 선생님은 하루도 조용할 날이 없고, 변화를 기대하기도 어려운 상황에서 아이들이 선생님의 노력과 변화를 체감하지 못하고, 마음을 몰라주는 게 억울하기만 하다.

전문가 : 아이들은 요즘에 안민기 선생님에 대해서 어떻게 생각하고 있을까요?

선생님 : 아이들은 아직 제가 많이 변하지 않았다고 생각하겠죠.

전문가 : 아이들은 '우리 선생님이 화를 많이 낸다'고 얘기를 해요.

선생님 : 작은 소리로 말하거나 표정을 무섭게 하지 않으면 전혀 통
　　　　제가 되지 않는 상황이니까요.
전문가 : (아이들은) '선생님이 우리 말을 안 들어줘요', '우리한테 관
　　　　심이 없어요'라고 말해요.
선생님 : 딴 얘기로 흐름을 바꿔가는 애들이 있었어요. 그래서 그걸
　　　　무시하고 그냥 수업을 진행했거든요.

전문가의 말에 계속 아이들을 탓하던 선생님은 조심스럽게 자신의
마음을 드러냈다.

"처음에는 아이들이 자기입장에서만 생각한다는 마음 때문에 분노
도 일어났지만 그다음부터는 막막함, 절망감이 들었어요. 제가 어떻
게 다가가야 할지 정말 모르겠어요…."

분노의 밑바닥에는 두려움이 있다

아이들이 기억하는 선생님의 유일한 변화는 화가 더 늘었다는 것이
다. 인사할 때 잠깐 웃는 것 외엔 예전보다 화를 더 많이 낸다, 아이들한
테는 관심이 없다는 말이었다.

전문가들은 안민기 선생님에게 아이들에게 다가가기 연습을 하라고

주문했고 선생님은 아이들에게 다가가기 위해서는 화를 내면 안 되겠다고 생각을 했다. 엄밀하게 말하자면 아이들에게 다가가기와 화를 내지 않는 건 다르다. 아이들에게 다가가면서도 수업 시간의 목표, 활동, 규칙 등은 확실하게 전달하고, 필요한 경우 이건 아니라고 명확하게 말할 수 있어야 한다. 그러나 선생님은 화를 내는 건 다가서기에 바람직하지 않다는 생각 때문에 해야 될 이야기도 참고 있었다. 화를 나쁜 감정이라고 생각하고 자기 마음속에 있는 감정을 자꾸 외면하려고 한 것이다. 화를 내지 말자라고 생각을 하면 눌러왔던 감정이 쌓여 있다가 언젠가는 한꺼번에 폭발하고 만다. 특히 자신에게 엄격한 안민기 선생님의 경우 화내지 말아야겠다는 생각이 또 하나의 족쇄가 되어 필요 이상으로 자기감정을 누르다 보니 자신의 감정뿐 아니라 아이들의 감정까지 외면해버린 경우다.

선생님이 분노하는 감정의 뿌리에는 자신의 말이 무시당한다는 기분이 자리하고 있다. 그러나 실제로는 아이들 자체의 문제라기보다는 교사의 대응 방법에 문제가 있는 경우가 많았다.

예를 들어 수업 시간에 자기 자리에 앉아 있지 않고 앞에 나와서 글을 쓰는 아이가 있다. 그때 선생님은 제자리에 들어가서 필기를 하라고 주의를 준다. 그래도 아이가 계속 딴짓을 하거나 선생님 말에 반응을 하지 않는 경우, 그렇게 해도 뭐라고 하지 않았던 경험이 있기 때문이다. 그런 경우 "들어가서 쓰라고 얘기했는데도 안 들어가는구나. 하지만 열심히 쓰는 모습은 참 좋다고 생각한다"라고 잘못한 점과 잘한 점을 동시에 이야기해주어야 한다. 자신을 인정해주는 말은 마음을 움직이게 한다. 반면 "어서 들어가"와 같은, 원하는 것만 일방적으로 말하는 명령조의 말은 어떤 판단을 하기 전에 거부감부터 생기게 만든다. 그럴 때는 아이의 행동을 객관적으로 표현하고("아까 들어가서 쓰라고 했는데 여전히 앞에 나와 쓰고 있구나") 아이가 잘하는 것에 우선 집중한 다음("열심히 하는 것 같아 보기가 좋구나") 원하는 것("하지만 안에 들어가서 쓰면 더 좋을 것 같아")을 이야기하는 편이 좋다. 칠판에 쓰인 글을 함께 읽으라고 하면 혼자 고래고래 고함을 지르듯이 읽는 아이도 마찬가지다. "소리를 크게 내면서 적극적으로 하니까 참 좋다. 그런데 소리가 너무 커서 친구들하고 조화가 이뤄지지 않아. 그래서 조금 조화를 맞춰서 했으면 좋겠어" 하고 단계별로 말을 하면 자신이 존중받음을 느끼고 교사의 말을 수용하게 된다.

또 다른 이유로 대부분의 선생님들은 아이들이 자신의 말을 잘 알아듣지 못할 때 화를 낸다. "자, 이거 이렇게 하는 거야." 설명을 하고 좀 있다가 "자, 이거 어떻게 한다고? 왜 몰라?", "선생님이 아까 얘기했잖아, 몇 번 말해야지 알아듣니?"라고 하면서 윽박지르기까지 한다. 선생님뿐만이 아니라 집에서 학습지를 하거나 아이 공부를 가르쳐본 엄마들도 집에서 자주 하는 말이다. 과연 한 번 이야기하면 그걸 다 알아듣는 사람이 얼마나 될까? 어른들도 강연회를 가거나 연수를 가서 강좌를 들으면 한 번 설명으로는 잘 기억하지 못한다. 여러 번 반복을 하고 훈련을 해야 올바른 정보가 들어온다. 이런 사실을 인정하고 이해하는 데서 분노도 줄어들기 마련이다.

변화는 쉽게 이루어지지 않는다. 혼신의 힘을 다하지 않고서는 지금의 과정들을 극복하기 어렵다. 스스로는 지금 최선의 노력을 하고 있다, 제대로 하고 있다고 생각하지만 어느 정도 시간이 지난 뒤 다시 생각해보면 진심이 온전히 담기지 않은 노력이었다는 생각이 들 때가 있다. 안민기 선생님도 그런 경우다.

나를 바꾼다는 것, 그것은 온몸으로 부딪치는 아픔이다. 선생님이 그날 그날 적은 미션 일지에는 그 변화의 아픔이 고스란히 실려 있었다.

<선생님의 미션 일지>

한번 용기를 내서 해보자는 다짐을 했다.

기본으로 돌아가는 것을 시작해야겠다.

지금 여기가 내 자리이기에 한 걸음만 더 앞으로 나아가자.

마음의 거울 앞에
바로 서기

규칙 세우기는 존중을 위한 첫걸음

학급 규칙은 대개 수업 흐름을 방해하는 등 잘못된 일에 대한 통제 수단으로 생각해 선생님이 일방적으로 정하는 경우가 많지만, 학급 규칙이 잘 지켜지기 위해서는 아이들의 동의가 필요하다. 수업코칭 전문가 정유진 선생님은 이를 수업에서 몸소 보여줬다.

"자, 이번에는 하얀 마녀의 특징에 대해서 얘기를 해볼게요." 아이들이 여기저기서 손을 들고 분위기가 소란스러워지는 듯하자 선생님은 "잠깐만, 여러분. 친구가 말할 때는 어떻게 해야 되죠?"라고 물었다. "보고 듣는다." 아이들이 대답했다. "좋습니다. 하늘이 얘기해주세요."

수업의 흐름이 끊기면 선생님은 규칙을 상기시키고 아이들의 동의를 구한 뒤 수업을 진행했다. 선생님의 말에 동의한 아이들은 수업에 주도적으로 참여했고, 선생님의 말에 진심으로 반응했다.

학교라는 공동체에서 규칙을 세우는 것은 꼭 필요하다. 규칙을 세우는 것은 함께 살아가는 능력을 기르기 위해 서로 책임감을 가지고 존중하라는 뜻이 담겨 있다. 이러한 규칙을 통해 학급 세우기가 이뤄진다. 물론 존중과 책임 속에서도 갈등이 생긴다. 옆 짝꿍이 잘못하면 "선생님, 애 잘못했어요" 하고 이르고, 선생님은 그 아이를 혼내준다. 고자질한 아이는 자기 손에 피를 묻히지 않고 다른 사람을 응징하는 잘못된 방식을 터득하고, 선생님은 아이의 분노를 대신 응징해주는 청부업자가 된다. 선생님은 교실에서 일어나는 모든 문제를 무시해서도 안 되지만 모든 문제에 개입할 수도 없다. 그 균형을 지키기는 더더군다나 힘든 일이다.

규칙은 일방적이어서도 안 되지만 일관성이 있어야 한다. 한번 정해진 규칙은 일관성 있게 지켜져야 한다. 초반에는 엄격하게 지키다가 어느 정도 시간이 지나면 무너지는 경우가 있다. 무너지기 전에 선생님이 규칙을 명료하게 말해야 한다.

정유진 선생님은 규칙 세우기로 아침 독서하기를 추천했다. 아이들이 교실에 들어오자마자 할 일을 만들어 아침을 명료하게 맞이하라는 것이다. 아침 독서 시간은 최소한 20분은 할애해야 효과적이다. 그보다 짧으면 집중도 안 되거니와 책장만 넘기다가 제대로 읽지도 못하고 끝나는 경우도 많다. 독서를 한 뒤 아주 짧게 독서 퀴즈를 내거나 금요일 하루는 교사가 책 읽어주는 날을 정해 독서 시간을 다같이 공유하는 것도 좋다. 똑같은 책이 여러 권 있는 경우에는 돌려서 읽어보는 것도 한 방법이다.

단, 가급적이면 아침 독서 시간에는 선생님도 같이 읽으라는 조언을 덧붙였다. 아이들 중앙에 의자를 놓고 선생님이 똑같이 책을 읽음으로써 아이들은 누구의 방해도 받지 않고 책에 몰입할 수 있고, 중앙에 있는 선생님은 영향력을 높일 수 있다. 특히 초창기에 아직 습관이 되지 않아 혼란스러울 때에 선생님이 아이들 수준의 쉬운 책을 읽고 읽어주기를 하면 영향력을 높일 수 있다.

아직 아이들과 친밀도가 높지 않은 안민기 선생님은 방관자 타입으로 교실 영향력이 높은 편이 아니다. 그러다가 아이들이 통제가 되지 않으면 분노하면서 힘으로 억압하는 독재자 유형으로 바뀌었다. 방관자형의 교실에는 욕설이나 폭력이 많다. 선생님이 규칙을 세우지 못하고 개입하지 않는 탓에 빈 선생님 자리를 대신해 아이들 사이에서 힘 있는 아이들이 생겨나 다른 아이들을 통제하는 경우도 많다. 〈우리들의 일그러진 영웅〉에서 반장인 엄석대가 무소불위의 권력을 휘두를 수 있었던 이유도 그 뒤에 방관자형 교사가 있었기 때문이다. 아이들 사이에 있는 욕설이나 폭력을 잡아주지 않으면 교실의 권력은 힘 있는 아이들에게로 쏠린다. 선생님은 규칙을 정하되 정해진 규칙에 대해서는 명확하게 짚고 넘어가고 문제를 해결하려는 의지를 가져야 한다.

안민기 선생님에게는 지금보다 나아지기 위해 아이들과 만나는 연습이 필요했다. 선생님은 그 변화를 위해 진심이 담긴 영상 편지를 아이들에게 띄우기로 했다. 초창기에 사용했던 비디오카메라를 꺼냈지만 이전과는 용도가 달랐다. 설레는 마음으로 카메라 앞에 앉은 선생님은 몇 번을 실패한 끝에 아이들을 향해 솔직한 심정으로 마음을 표현하고 도움을 부탁했다.

진심으로 말하는 선생님의 마음이 아이들에게도 전해진 듯했다. 처음보다 아이들에게 네다섯 발짝은 다가간 기분이다.

선생님의 긍정적인 피드백

"검정 풍선이 하늘을 나는 것과 검은 피부를 가진 아이와 어떤 상관이 있나요?"
"피부색이 달라요."
"네. 피부색이 달랐습니다."
"어머니가 아이를 지켜주었다."
"네, 맞아요. 아이를 지켜주었던 것처럼."

이제 선생님은 발표하는 아이들의 말 한마디 한마디에 따뜻한 관심을 보내고 피드백을 했다. 저쪽 뒤에서 손을 들었지만 선생님이 미처 못 보았는지 발표를 하지 못한 수환이는 못내 속상한 표정이다. 예전 같으면 그냥 지나쳤을 선생님이 수환이의 표정을 읽었는지 조금 뒤 수환이에게 다가갔다. "아까 내가 시켜준다고 했는데 안 시켜줘서 미안해." 선생님은 아이들의 마음을 달래주고 칠판을 떠나 아이들과 눈을 맞추며 이야기를 나누었다.

교실엔 선생님의 자리가 점점 커지고 있다. 선생님의 시선은 아이들을 향해 있고 아이들을 하나하나 바라보면서 인정을 하고 긍정적인 피드백을 해줬다. 이제야 '아이들에게 다가가기'의 궁극적인 목적이 아이들을 바로 보는 것임을 안 것이다. 선생님이 한 발 다가가면 아이들도 선생님을 향해 마음을 열었다.

아이와 공감하는 일이 많아지니 선생님의 말수도 많이 늘었다. "경고했지, 그렇게 행동하면 더 늦게 보낸다고!", "똑바로 앉아!", "조용히 안 해?" 등 명령 위주로 하던 말은 아이들의 말에 고개를 끄덕이며 공감하는 것으로 변해갔다.

무엇보다 가장 큰 변화는 언성을 높이는 일이 줄어든 것이었다. 매 시간마다 두세 번은 얼굴을 붉히고 언성을 높여 화를 냈지만 이제 그런 일은 하루에 한두 번 있을까 말까 한 정도다. 화가 줄어들면서 자기 자신을 돌아보고 성찰할 수 있는 여유도 생겼다.

대신 수업 시간에도 선생님은 기분 좋게 소리를 내며 자주 웃었다. 이것은 아이들도 체감하는 변화다. "선생님이 많이 웃으려고 노력하시는 게 보여서 기분이 좋아요", "선생님이 자꾸 노력하려는 모습이 보여서 저도 배워야겠다는 생각이 들어요"라는 말부터 "선생님~ 사랑해요"라

: 선생님이 아이들 속으로 다가가 관계를 맺자 교실은 변화하기 시작했다. 변화의 속도가 빠르
지 않아도 좋다. 질문이 생기고 웃음이 피어난 교실은 그 자체로 살아 있었다.

는 아이들의 폭탄 고백도 이어졌다.

웃음의 효과는 크다. 웃으면 복이 온다는 말처럼 웃음은 행복지수를 높이는 동시에 스트레스 해소 효과가 있다. 자주 그리고 크게 웃을수록 몸속에서 엔돌핀이 많이 분비돼 혈액순환이 활발해지고 면역력이 강해진다. 100m를 전력 질주할 때 심장은 분당 평균 70회가 뛰지만 15초 동안 박장대소를 하면 130회가 뛴다. 또한 얼굴의 온도를 낮춰 기분 좋은 상태로 만든다.

선생님의 변화 속도가 다르듯이 아이도 받아들이는 속도가 다르다. 처음에는 인사하기도 하지 않으려는 아이들이 많았지만 얼마간의 시간이 흘러 자연스럽게 인사를 했듯이 아이들도 언젠가는 선생님의 노력과 사랑을 받아들일 것이다.

자기감정을 잘 표현하지 못하고 화를 내는 자신이 두려워서 아이들과 가까워지지 못했던 선생님이 변화하게 된 결정적인 계기는 사과하는 글을 발표하는 국어 시간이었다. 센스 있게 먼저 사과를 구하는 시를 발표하면서 아이들에게 용서를 구했고, 처음으로 아이들 앞에서 눈물을 흘렸다. 그가 고른 시는 전주 송원초등학교 장한결 선생님이 쓴 '거울을 보며'었다. 아이들도 선생님에게 편지를 건네며 "그동안 말썽을 피워 죄송하다"고 사과하고, 선생님의 진심을 알게 돼 고맙다는 말을 전하였다. 아이들의 진심을 알게 된 선생님도 아이들에게 고마움을 느꼈다.

　마음의 거울 앞에 서기 두려웠던 선생님이 용기를 내어 거울을 마주 보았다. 이처럼 교사로 살아가는 것은 일상적으로 거울 앞에 서서 자신을 성찰하는 과정일지도 모른다.

거울을 보며

장한결

그제 세 번
어제 두 번
오늘은 한 번

삼일 동안 너희들 얼굴 보며
웃었던 횟수

틀렸어
그만해라
떠들지 마라

차가운 표정으로 쏘아보며 하는 말
꾸중보다 칭찬이 듣고플 텐데

선생님 마음속에
미안한 마음의 돌덩이가
쌓여만 간다

선생님 얼굴 보며
따라 웃을 수 있게
내일은 한 번 더 웃어야지

오늘도 거울 보며
다짐을 한다.

관계는 머리로 이해되는 게 아니라 감성으로 느끼는 것이다. 그리고 그 마음을 느낄 수 있도록 아이들에게 마음을 표현하고 공감하면서 관계는 깊어진다. 학교란 곳은 교사에게는 가르치는 공간, 또 아이들에게는 배우는 공간으로 이분법적으로 생각하지만, 학교는 모두가 성장하는 공간이다. 안민기 선생님은 아직 완전히 달라졌다고 생각하지 않는다며 겸손하게 이야기했다. 아직 마음을 읽고 수업의 경계를 세워 명확하게 이끄는 부분은 더 많은 노력을 해나가겠다고 밝은 모습으로 이야기했다. 안민기 선생님의 다짐 속에는 두려움을 내려놓고 아이들에게 다가가 마음으로 마주해야 하는 교사의 역할이 담겨 있는 듯했다.

말은 힘이 세다
– 아이의 행동을 바꾸는 훈육 언어

부모나 교사는 다양한 방법으로 훈육을 한다. 타이름, 질책, 경고와 같은 언어적 방법으로 아이의 품성이나 도덕 등을 가르치는 건 부모와 교사의 역할이기도 하다. 체벌보다 언어폭력이 더 견디기 어려울 정도로 괴롭다고 말하는 아이들이 많다. 특히 감수성이 예민한 사춘기 아이들일수록 언어폭력에 민감하다. 사춘기 아이에게 상처를 주지 않으면서도 분명하게 뜻을 전달할 수 있는 대화법은 무엇일까?

1단계) 관찰 – 평가와 관찰을 분리하라

문제행동을 발견하거나, 아이의 말만 듣고서 곧바로 야단치는 것은 좋지 않다. 아이의 이야기를 충분히 듣고 난 후 부모나 교사가 짧게 의견을 이야기해주는 것이 좋다. 이 또한 길어지면 잔소리처럼 느껴지기 때문에 간결하고 분명한 언어로 하고 싶은 말을 전달해야 한다.

〈사례〉

Q. 비속어를 너무 자주 쓰는 아이, 어떻게 해야 할까요?

A. 요즘 청소년들은 75초에 한 번꼴로 욕을 한다는 조사가 있다. 여학생도 예외가 없다. 친구들끼리 하는 대화를 들어보면 놀랄 때가 많다. 나쁜 아이라서 그런 게 아니라, 그게 아이들의 문화인 것이다.

만약 이 문제를 지적하고 싶다면 평가를 제외한 현상만을 가지고 우선 이야기하는 게 좋다. 이때에 보거나 들은 것을 평가하지 않고, 말하는 것이 중요하다. 마치 사진을 찍거나 녹음하듯이 보고 들은 정보를 그대로 표현한다. 그런 뒤에 아이에게 느낌이나 그렇게 행동하는 이유 등을 물어보며 대화를 해나간다. 꾸중하고 넘어가야 할 일이 있을 때에는 주제를 더 확장하지 말고 반드시 한 가지 사안만을 가지고 해야 한다.

2단계) 욕구 – 아이의 상태에 맞추어 바라는 바를 전달하라

교사나 부모가 아이의 욕구를 정확히 파악하면, 아이가 원하는 것을 빨리 제공하여 단시간에 문제행동을 막을 수 있다. 또한 문제행동의 원인이 분명하므로 재발을 쉽게 막을 수 있다. 반대로 아이가 부모나 교사의 의도를 파악한다면, 아이는 이후에는 어떤 방식으로 행동해야 어른의 기대를 충족하는 성과를 얻을지를 알게 돼 효과적이다.

〈사례〉

Q. 아이가 어른의 말은 안 듣고 친구에게만 집착해요.

A. 사춘기에는 무엇보다 친구가 가장 중요하다. 친구 때문에 교사나 부모에게 상처를 주는 경우도 많다. 이럴 때에 교사나 부모는 "그런 애랑 절대 놀지 마"와 같이 말해서는 안 된다. 이 말을 듣는 순간, 아이는 어른에게 몹시 실망한다. 친구에 대한 애착이 강해져 오히려 부모나 교사와 사이가 멀어지기도 한다.

이럴 때는 어떤 친구와 사귀느냐에 집중하지 말고 아이가 어떤 행동을 하는지에 집중해보자. 그리고 친구와 놀 때 하면 안 되는 행동을 알려주자. 친구와 어울려서 걱정이 되는 게 아니라 아이가 나쁜 행동을 배우거나 따라할까 봐 걱정되는 게 부모나 교사의 진심일 것이다. 목적을 분명히 하고 아이에게 전달하면 아이도 마음이 열린다. 자신의 친구를 인정해주는 부모나 교사의 마음을 이해하고 그 기대를 충족하기 위해 규칙을 지키려고 노력하게 된다.

3단계) 공감 – 공감과 격려가 행동을 바꾼다

어른의 말이라면 잘 수긍하던 아이가 갑자기 공격적인 태도를 보이면 부모나 교사는 감정이 앞서 "그게 무슨 버릇이냐"라고 화를 내며 대응하기가 쉽다. 이때의 반응이 아이가 어른과의 대화를 계속하느냐 포기하느냐를 좌우하는 출발점이 된다. 무엇이 아이를 화나게 했는지 아이의 심리 변화를 경청할 준비를 해야 한다. 훈육을 할 때 무조건 무표정과 무뚝뚝한 말투로 해야 한다고 생각한다면, 따뜻한 미소로 아이를 대하는 연습부터 해야 한다.

〈사례〉

Q. 시험성적이 떨어진 후 집에서 늘 화를 내고 예민하게 굴어요.

A. 만약 아이가 중요한 입시에서 떨어진다면 어떨까. 아이가 수험기간 동안 학교와 가정에서 얼마나 스트레스를 받았는지 가장 잘 아는 사람은 가족이다. 아이가 가졌던 꿈과 그동안의 노력을 알기 때문에 낙방 소식을 들었을 때에 겪었을 실망감 또한 가장 잘 알 수 있다. 그래서 가족끼리는 누구보다도 서로의 심정을 더 깊이 공감할 수 있다는 이점이 있다. 그것을 잘 살려 이야기를 듣고, 아이의 감정을 함께 공감해주는 수밖에 없다.

실패를 겪은 아이에게는 처벌이 아니라 격려가 필요하다. 좋은 점이나 착하고 훌륭한 일을 높이 평가해주는 '칭찬'과 달리, '격려'는 상대방이 실수하고, 지치고 힘들어할 때 해주는 말이다. 실수는 누구나 할 수 있다는 사실을 일깨우고, 과정을 통해 배울 수 있게 하는 것이 중요하다.

동시에 부모 또한 아이의 실수를 인정해야 한다. 아이에게는 잘못이 없는데 여건이 좋지 않았다거나 운이 따르지 않았다면서 핑계를 대는 것은 아이의 교육면에서도, 문제 해결의 측면에서도 도움이 되지 않는다.

4단계) 말투 – 대화의 문을 여는 말투를 사용하라

부모나 교사가 느끼는 감정을 부드러운 방식으로 차분히 이야기해보자. 아이에게 필요한 건 '관리자'보다 '안내자'다. 그러기 위해서는 "~해라"는 말투부터 "~하자"로 바꿔보자. 사춘기 청소년은 관습에 대한 거부감이 심하고 어른이 하는 말은 대체로 비난이나 자신을 조종하려는 의도를 가진 말로 듣는 경우가 많으니 특히 조심해야 한다.

〈대화를 망치는 말투 3가지〉

① 아이에게 인신공격을 퍼붓는 것만큼 나쁜 것은 없다. "넌 왜 그러니?", "하지 말라고 했지?", "넌 대체 무슨 생각을 하는 거니?" 등은 아이들에게 상처를 주는 말이다. 부모나 교사가 먼저 대화의 문을 닫아버리는 대표적인 사례다.

② 사실관계를 확인하는 질문은 꼬투리를 잡혀 점검당한다는 불쾌감을 준다. 간섭받을 것이 두려워서 부모나 교사와 대화 자체를 피해버릴 수 있다. 아이가 늦었다면 "너 뭐하다가 지금 들어와!" 하고 윽박지르는 대신 "오늘은 무슨 일이 있어서 기분이 좋을까(나쁠까)?"라는 식으로 물어본다. "거길 왜 갔어?" 대신 "오늘은 어땠니?"가 좋다.

③ 아무리 화가 나더라도 감정을 섞어서 얘기하지 말아야 한다. 아이들은 잘못한 것은 아는데, 엄마(선생님)가 화내며 심하게 얘기해서 마음이 상했다고 말한다. 아이는 꾸지람을 들을 때 감정에 휩쓸려 마음을 닫아버릴 수 있다.

5단계) 대안 – 방향은 훈육자가, 규칙은 아이가 정하라

　아이에게 앞으로 어떻게 하면 좋을지 제시해주어야 한다. 아이가 질문에 스스로 대답할 때까지 기다려주자. 스스로 생각하고 깨우치는 것이 제일 중요한 훈육이다. 어떠한 행동을 해야 할지 몰라 어려워하면 옆에서 유도해줄 수는 있지만, 그것을 넘어 강제적으로 이끌고 가서는 안 된다.

〈사례〉

　Q. 학원 스케줄이 너무 많아 버겁다며 자꾸 몰래 빠져요.

　A. 거짓말처럼 아무리 나쁜 행동이라도 일단 혼내고 보는 것만이 능사는 아니다. 합리적이고 논리적인 설명과 더불어 규칙에 대한 재량권을 부여함으로써 아이 스스로 도덕적으로 판단하고 행동하도록 돕는 것이 중요하다. 아이의 시간표를 짜주는 게 아니라, 정보를 주되 아이가 알아서 할 수 있도록 선택을 남겨두도록 한다. 예를 들어, 학원 출결의 경우 한두 번 빠질 수 있다는 점은 인정하되 반복될 경우 확실하게 짚고 넘어간다.

　부모나 교사가 권위적으로 명령하는 일이 반복되면 아이는 소심한 성격으로 바뀐다. 심지어 거짓말을 하다가 걸린 아이를 강하게 혼내면 더 강한 거짓말을 할 가능성이 크다. 그래서 더 큰 악순환이 시작된다. 그럴 바에는 훈육을 그만두고 정직의 가치를 알려주는 것이 더 효과적이다.

선생님은 언제나 너희들 편이야

교육이 스마트해질수록
아날로그 감성이 필요하다

교육계에 불어 닥친 스마트 열풍

인류가 새로운 밀레니엄 시대에 들어선 후 10년이 지나고 또 다른 10년이 시작됐다. 1989년 애니메이션 〈2020년 우주의 원더키디〉가 방영될 당시 우리에게 2020년은 너무나 먼 미래였다. 올 것 같지 않을 미래였기 때문에 2020년이 되면 우주전쟁이 벌어지고 지구가 완전히 황폐화될 거라는 설정도 무리가 아니었다. 하지만 이제 2020년은 고작 몇 년 앞으로 다가왔다.

21세기 첫 10년 동안 과학 및 IT 분야는 믿을 수 없을 만큼 엄청난 도약을 했다. 그야말로 '빛의 속도로' 생활 전반이 정보 기술에 의해 재편된 것이다. '손 안에 있는 컴퓨터'라고 불리는 스마트폰이나 태블릿 PC

와 같은 스마트 기기는 세계적으로 빠르게 확산되었다.

전 세계에 불어 닥친 스마트 열풍은 교육 분야에도 변화를 가져왔다. 1990년 중반부터 교육개혁을 준비해온 영국은 과학 기술과 예술적 상상력을 결합한 디지털 학습의 일환으로 '사바나 프로젝트'를 시작했다. 사자, 코끼리, 고릴라 등의 야생동물을 공부할 때, 교실에 앉아서 딱딱한 설명을 듣는 것보다 좀 더 생동감 있게 배우게 하자는 발상에서 시작된 수업 방식이다. 교사가 미리 운동장 곳곳에 동물 마크를 설치하고 그 근처에 QR코드를 숨겨 놓으면 학생들은 운동장에 나와서 자유롭게 코드를 찾아 나선다. 자신의 스마트폰에 있는 애플리케이션을 이용해서 발견한 QR코드를 인식시키면 해당 야생동물의 정보와 퀴즈를 확인할 수 있다. 평범한 운동장이 간단한 IT 기술을 이용해서 아프리카 사바나 정글로 바뀌는 것이다. 이 프로젝트의 가장 큰 장점은 학생들이 적극적으로 수업에 참여하도록 유도한다는 것이다. 기존 암기식 교육에서는 교사가 묻는 질문에 마지못해 대답하던 학생들이 스스로 묻고 해결책을 찾아 나선다는 점에서 '사바나 프로젝트'는 스마트 교육의 밝은 미래를 제시한 사례로 손꼽힌다.

우리나라에서도 스마트 교육을 활성화하려는 노력이 활발하다. 전라북도 익산에 있는 초등학교에서 근무하고 있는 유여진 선생님은 최근 스마트 교육 우수교사로 선정되었다. 선생님이 근무하는 학교는 도시 학교에서는 흔한 전자 칠판조차 없는 작은 시골 학교다. 전교에 쓸 만한 IT 기기라고는 교무실의 노트북 한 대와 학생 두 명이 가지고 있는 스마트폰이 전부다. 그렇지만 기기의 숫자나 성능은 커다란 문제가 되지 않았다. 선생님은 '사바나 프로젝트'에서 착안해 운동장을 가상의 숲으로 꾸미기도 하고, 조선시대로 꾸미기도 한다. 학생들은 두 모둠으로 나뉘어 스마트폰을 들고 운동장에 나가 QR코드를 통해 보물찾기를 하듯이 문제를 푼다. 아이들이 찾은 정답은 보물이 되고, 보물을 10개 찾아오면 선물을 받게 된다. 문제를 풀기 위해 아이들이 자연스럽게 학습한 내용을 토론하면서 기억력과 학습능력이 크게 향상되었다는 평가다.

이처럼 스마트 교육은 학생들에게는 흥미와 학습효과 증대를 이끌어내고, 학교와 학부모를 연결하는 유용한 통로가 되기도 한다. 리더기가 전자학생증을 인식해서 출석 처리가 완료되면 학부모에게 자녀가 등교했음을 알리는 문자메시지가 전송된다. 교실에는 전자 칠판, 전자 교탁, 스마트 패드, 메시지 보드 등의 첨단 IT 기기들이 자리 잡고 있다. 학부모는 메시지 보드를 통해서 시간표, 학교 일정, 식당 메뉴, 공지사항 등을 확인할 수 있다. 먼 나라 이야기가 아니다. 스마트 스쿨로 선정된 국내 학교에서 실제로 진행되고 있는 모습이다.

스마트 교육의 함정

스마트 교육이 기존 교육과 확연히 구별되는 점은 무엇일까? 스마트 교육은 디지털 교과서와 온라인 수업의 활성화를 통해 언제 어디서든 자유로운 수업이 가능해진다. 체험의 폭도 넓어진다. 그동안 교육이 학생들의 평균 수준에서 획일적으로 이루어졌다면, 스마트 교육은 학생 개개인이 IT 기기를 통해 직접 자신의 수준과 적성에 맞는 경험을 선택하여 학습을 구성할 수 있다.

하지만 교육계 일각에서는 스마트 교육이 빛 좋은 개살구에 그칠 수 있다는 부정적인 의견도 상당하다. 입시 제도가 변하지 않는 한, 학부모와 학생들은 창의성을 키워주는 교육보다는 당장 시험을 잘 볼 수 있도록 요점만 찍어서 설명해주는 주입식 교육을 선호한다는 것이다. 최신 기기를 다루는 데 익숙치 않은 교사들이 스마트 교육에 대해 기대감보다는 두려움과 반감이 크다는 것도 문제로 지적된다. 어설프게 기기를 활용하느라 시간을 허비하느니, 그냥 분필 들고 가르치는 것이 수업의 효율성을 고려했을 때 더 낫다는 것이다.

스마트 기기를 이용해서 새로운 수업 방식을 시도한다고 해서 학습 효과가 자동으로 보장되는 것도 아니다. 스마트 교육으로 대변되는 미래 교육 정책의 성패는 성능 좋은 기기의 도입이 아니라 본질적인 교육 방식의 변화에 달려 있다. 디지털 기기의 발전으로 교육환경이 최첨단이 되어갈수록 역설적이게도 교사의 아날로그적인 감성이 더욱 중요해지는 이유가 바로 여기에 있다. 무엇보다 스마트 교육의 핵심은 '창의성 계발'에 있다. 창의성은 감성이 중요한 영역이다. 그러므로 이 같은 학습 목표를 이루기 위해서는 선생님과 학생이 보다 가깝게 소통하고 놀이하듯이 자연스럽게 다양한 경험을 쌓는 것이 중요하다. 언제 어디서

나 원하는 정보를 얻을 수 있는 도깨비방망이 같은 스마트 기기는 친구들이나 선생님, 더 나아가 세상과 소통할 수 있는 고리라는 것을 가르쳐야 한다. 그러지 않고 기존의 일방적인 수업방식을 고수한 채 교과서를 종이책에서 태블릿 PC로 바꾸어봐야 진화된 형태의 또 다른 주입식 교육으로 변질될 가능성이 높다.

스마트 미디어에서 습하트 미디어로

교과서의 형태가 종이책인가 전자책인가, 공용 컴퓨터를 사용하는가 개인 기기를 사용하는가 등은 수업의 질을 평가하는 데 아무런 영향을 끼치지 못한다. 중요한 것은 미디어의 종류가 아니라, 얼마나 메시지를 효과적으로 전달하느냐. 우리는 이미 인간이 만든 가장 뛰어난 미디어를 가지고 있다. 바로 교사라는 '휴먼 미디어'다. 학교에선 교사야말로 학생들에게 가장 좋은 미디어요, 메신저인 것이다. 어떠한 스마트 기기도 교사를 대신해 아이들의 마음을 다독이고 머리를 쓰다듬으며, 따뜻한 칭찬을 건넬 수 없다. 아이들과 같은 공간에서 함께 숨 쉬고 몸을 부딪히며 사회성을 길러줄 수도 없다. 스마트 기기에만 의존하는 아이들을 진짜 세상 속으로 인도하는 것은 선생님의 역할이다. 사람의 마음을 움직이는 비언어적 메시지는 바로 사람이 사람에게만 직접 건넬 수 있다. 아이들은 이렇게 교과서보다 교사에게서 더 많은 지식과 교훈을 얻는다.

　스마트 기기는 즐거운 수업을 위한 보조 미디어일 뿐이다. 지금 우리 학교에 필요한 것은 스마트 미디어가 아니라 '슴하트 미디어'다. 자신의 가슴과 타인의 하트를 연결시키는 따뜻하고 감성적인 미디어 말이다. 사람과 사람, 가슴과 가슴을 연결시켜 학교를 차가운 경쟁의 장소가 아닌 따뜻한 배려와 협력의 공간으로 만드는 '슴하트 러닝learning'을 실현할 수 있는 곳, 그것이 학교다.

멀티미디어 수업의 이면, 소통의 부재

"교사가 내 일이 아니라는 생각이 들었습니다. 교사라는 직업이 나와 잘 안 맞는구나 하고요. 아이들과 소통도 잘 안 되고, 교과 내용도 잘 가르치지 못하는 것 같고, 아이들에게 화가 나고… 행복하지 않았어요."

- 이슬기 선생님(여, 초등학교 5학년 교사)

초등학교 교사 경력 4년. 신참 교사라고 하기에는 조금 길고 고참 교사라고 하기엔 짧은 경력. 초년병 교사와 베테랑 교사의 갈림길에 서 있는 존재다. 처음 교사가 됐을 때만 해도 아이들이 한없이 예뻤고 종종 과격하게 소리를 지르는 일도 있었지만 아이들에게 너그러운 선생님으로 통했다. 교육에 대한 열정도 있었고 아이들도 선생님을 잘 따랐다.

지난해부터인가, 교사 3년차에 들어서면서 '교사가 정말 내 길일까?' 라는 의심이 처음으로 움텄다. 의심이 생길수록 선생님은 더욱 질서를 강조했다. 교실이 소란스러워지면 이를 참지 못하고 더한 통제를 가했다. 그러다가 아이들에게 화를 내거나 벌을 주고 나면 교사로서의 '능력 부족', '실력 없음'이 드러나는 것 같아 좌절감이 심하게 밀려왔다. 교사는 가르치는 직업이라고 하는데 과연 잘 가르치는 것에 대한 기준이 무엇인지 더더욱 갈피를 잡기가 힘들어 처음의 열정조차 식어버린 상태였다.

처음 교사가 되면 많은 선생님들이 '친구 같은 선생님'이 되길 희망한다. 이슬기 선생님 또한 친구 같은 교사로서 학생들에게 할 수 있는 역할들이 많을 거라고 생각했다. 좋은 선생님이 되기 위해 나긋나긋하게 말하고 되도록 상처주지 않으려고 말 하나하나 조심했다. 그러다가 선생님을 너무 편한 사람으로 여기면 아이들이 말을 안 들을지 모른다는 생각에 엄격하게 대했고, 시간이 지날수록 생각과는 달리 점점 감정적으로 변하는 자신을 발견했다고 했다.

한 해, 두 해, 해가 지나면서 처음의 이상은 꺾였고 마음먹은 대로 움직여주지 않는 아이들과 대면해야 했다. '아이들은 교사의 노력에 의해 바뀔 수 있다'는 교육철학도 어느새 무너지고 교사로서 할 수 있는 일이 그다지 많지 않다는 생각까지 들었다. 원치는 않았지만 어떤 상황이건 문제가 되는 일이면 상황을 따져보기 전에 먼저 아이들 탓으로 돌리는 경우도 많아졌다. '아, 이럴 때 내가 이렇게 하지 말았어야 하는데…'라든가 '애들에게 화내지 말고 천천히 이야기해야 했어'라고 뒤늦게 후회를 하지만 이미 자신감을 잃은 지 오래, 스스로 교사의 입지가 좁아졌다는 것만을 실감할 뿐이다.

경력 4년차인 이슬기 선생님이 바라는 이상적인 선생님은 어떤 모습일까? '무섭지 않으면서 아이들이 말을 잘 듣는 선생님'이라고 답한 이슬기 선생님의 말 속에 선생님이 바라는 모든 고민이 녹아 있었다.

우리 선생님은 천사? 악마? 두 얼굴의 선생님

쉬는 시간 : 선생님 주위가 아이들로 북적댄다. 아이들은 선생님에게 어리광을 부리고 선생님은 귀찮은 기색 하나 없이 아이들 말에 "그래, 좋아?" 하며 꼬박꼬박 대답하고 아이의 볼을 두 손으로 꼬집었다. 선생님이 편해서일까? 아이들은 선생님을 잘 따랐다. "우리 선생님은 착해요", "선생님이 좋아서 선생님 옆에 있으면 마음이 차분해져요"라는 아이들의 말을 굳이 듣지 않아도 선생님과 아이 사이에는 별 문제가 없어 보였다.

수업 시간 : 선생님이 팔짱을 낀 채 감시의 눈빛으로 아이들을 바라보았다. 아까 그 선생님이 맞을까 싶을 정도로 선생님의 표정이 180도 달라졌다. 수업 종이 울린 지 한참이지만 교실은 여전히 소란스럽고 어수

선하다.

"애들아. (수업) 준비하고 머리 손! 오늘 마지막 수업이니까 조용히 하자." 선생님의 주의에도 여전히 아이들은 뒤에 앉은 친구들과 장난을 치며 낄낄댔다. 앞에서 팔장을 끼고 있던 선생님이 갑자기 두 손을 펴고 숫자를 세기 시작했다. 아이들은 수신호를 하는 선생님 모습에 긴장하기 시작했다. 하나, 둘, 셋,… 열 손가락을 모두 접자 교실이 조용해졌다.

"김영재, 일어나 봐", "김미정, 너 어제 일찍 갔지? 선생님이 배려해 줬어, 안 했어?"

숙제를 해오지 않은 아이들이 보이자 선생님이 딱딱 끊어지는 말투로 지적했다. 눈살을 찌푸리는 표정으로 보아 선생님은 짜증이 난 게 분명하다. 수업이 시작되면서 선생님은 통제 일변도로 변했다. 한쪽에서 아이들이 떠드는 소리가 들렸다. 선생님이 흘겨보더니 "경고 한 번! 축하합니다", "전체 경고 한 번!" 하고 벌칙을 내렸다. 조그맣게 투덜대는 아이의 소리도 놓치지 않고 선생님은 즉시 "전체 경고 두 번!"을 외쳤다. 아주 사소한 소리에도 선생님은 예민하게 반응했고 그때마다 아이들에게 벌칙을 주었다.

생각만큼 아이들이 따라주지 않자 내내 화를 참는 표정이었던 선생님이 머리끝까지 화가 차오른 것 같았다. 결국 큰 소리로 "머리 손!"을 외쳤다. 아이들이 일순 조용해졌고 아이들은 모두 머리에 손을 올렸다. "애들이 떠들 때 너무 화내세요", "무서울 때는 공포예요" 쉬는 시간과 달리 수업 시간에 보는 선생님은 줄곧 화를 내거나 무서운 표정이었다.

쉬는 시간과 수업 시간. 두 얼굴의 선생님이 교실에 있었다.

"선생님이 무서운 편이야? 착하신 편이야?"라고 묻자 대다수의 반 아이들이 "착하다"고 답했다. 하지만 떠들거나 뛰어다녀서 교실이 소란스러우면 화를 내는데 그때는 가장 무서운 선생님이기도 했다. '무서울 때는 진짜 공포'라는 말처럼 조금이라도 떠들면 가차 없이 '손 들기'를 시키는 선생님이 무서워서 바로 조용해진다고 했다.

전문가들과 수업 모습이 담긴 영상을 지켜보는 이슬기 선생님의 얼굴에 난감한 표정이 역력했다.

전문가 : 교육적인 활동을 포기하고 학생에 대한 통제를 선택한 건
아닌가요?

선생님 : 아이들은 감시의 대상, 통제의 대상이라는 생각이 들어요.
긍정적으로 바뀔 거라는 생각을 하지 않고 '아이들은 스스로
못해' 이런 기준이 저한테 내면화되어 있어요. 저 스스로요.

전문가의 분석에 선생님은 부정하지 않고 선선하게 긍정했다. 왜 그런 생각을 하게 되었는지 이유를 묻자 선생님이 갑자기 눈물을 보였다.

한참을 망설이던 선생님이 아픈 상처를 고백했다. 3년차 되던 해에 학교에 학부모들이 찾아와서는 학부모들끼리 싸움이 일어났는데 그중

한 분이 모든 화살을 선생님에게로 돌렸다고 했다. "잘 가르치는 줄 알았더니, 잘 못 가르치네요." 아이들을 제대로 통제하지 못해서 학부모들이 학교까지 찾아왔고 결국 싸움이 일어난 원인이 선생님에게 있다는 비난이었다. 누군가에게서 자신에 대한 부정적인 생각을 직접적으로 들었을 때의 충격은 칼로 깊게 베인 것처럼 아팠을 것이다. 누구에게도 말하지 못하고 혼자 감내해야 했던 선생님은 그후 통제를 선택하게 되었다고 했다. 수업 때는 떠들지 말아야 하고, 복도에서는 뛰지 말아야 하고, 수업 시작하면 교과서를 반듯하게 꺼내놓고 기다려야 하고, 선생님에게는 말대꾸를 하지 말아야 하는 등 요구사항은 더욱 많아지고 그 요구사항을 지키기 위해 아이들을 통제하기 시작했다.

선생님은 더 이상 교실에 있는 자신이 행복하지 않았다. 아이들 앞에 서기가 두렵다고 했다. 교사로서의 자신감을 잃어버린 것이다. 그럴수록 선생님은 가르치기보다 통제에 몰두했지만 통제를 하면 할수록 아이들은 더 소란스러워졌다. 아이를 통제하지 못하는 교사는 교사로서의 능력이 없다는 의미와 같다고 생각했다.

통제로는 행동이나 사고를 긍정적으로 바꾸기가 힘들다. 쉬는 시간에 뛰어다니고 싸우는 아이들을 혼내고 야단치면 처음에는 말을 듣다가 어느 정도 시간이 흐르면 다시 같은 행동을 반복한다. 잘못된 행동을 통제하기 위해 쉬는 시간을 빼앗거나 벌을 세우게 되는데, 아이의 자유를 하나씩 빼앗아가면 아이들은 더욱 엇나간다. 서로 좋은 관계를 맺어야 할 교사와 아이가 대치 국면에 서서 기 싸움을 벌여야 되는 것이다.

이럴 때 마지막 통제 수단으로 보상이나 벌점 제도를 선택하는데, 꼭 보상이나 벌점 제도가 나쁜 것만은 아니다. 단, 그 기준을 아이들이 정확히 인지해야 한다. 이러이러한 행동을 하면 안 된다거나, 이러한 행동이나 말을 하면 보상이 있다는 점을 선생님과 아이들이 정확히 알고 있어야 한다. 기준을 정한 선생님이 마음대로 기준을 바꾸거나 서로가 명확하게 인지하고 있지 않으면 효과가 없다. 아이가 벌을 받으면서도 '내가 왜 벌을 받고 있지?'라고 생각하면 벌을 주는 의미가 없는 것이다. 그리고 그 기준은 선생님 혼자서 결정하는 게 아니라 아이들과의 합의로 끌어내야 한다. 한꺼번에 새로운 기준을 많이 정하는 것 또한 좋지 않다. 한 가지 기준을 정하고 한 달 동안 지속적으로 실행한 다음 아이들이 충분히 인지했다고 생각할 때 새 기준을 추가하는 편이 좋다. 그렇지 않은 상태에서 통제하거나 벌점을 부여하면 아이들은 이유도 모르는 상태에서 벌을 받기 때문에 적절한 내면화가 되지 않는다. 그러면 선생님이 모든 상황을 홀로 통제해야 하고, 통제하는 데 엄청난 에너지를 쏟아야 한다. 엄청난 피로감이 쌓이는 것이다.

문제는 이것으로 끝나지 않았다. 수업 시간에도 심각한 문제가 눈에 띄기 시작한 것이다.

　수업이 시작되자 선생님이 컴퓨터를 클릭했다. 바로 멀티미디어 수업이었다. 이슬기 선생님이 많이 활용하는 수업이다. 컴퓨터를 클릭하자 수업 동영상이 교실에 연결된 대형 텔레비전 화면에 나왔다. 역동적인 화면이 나오자 아이들의 눈이 텔레비전으로 쏠렸다. 아이들이 동영상을 보는 동안 이슬기 선생님은 교탁에 앉아 꿈쩍도 하지 않았다. 동영상 수업이 길어지자 흥미를 잃고 지루해하는 아이들이 보이기 시작했다. 짝과 딴짓을 하거나 텔레비전을 외면하고 하나둘 책상에 얼굴을 파묻었다.

　몇몇 수업을 제외한 대부분의 과목이 동영상에 의존해 진행됐다. 정작 아이들 앞에 서야 할 선생님은 뒤로 물러나고 선생님이 있어야 할 자리에는 컴퓨터만 있었다. 그동안 선생님은 다른 일을 하거나 시계를 쳐다보며 수업이 어서 끝나기를 기다리는 눈치였다.

　생각보다 심각했다. 처음부터 이랬던 건 아니다. 학부모들과 안 좋은 일이 생긴 뒤로 교사로서의 자신감이 떨어지면서 수업 준비도 소홀히 했다고 선생님은 말했다.

　선생님도 자신의 수업이 지루하다는 걸 모르는 건 아니다. 학기 초부터 멀티미디어 수업을 진행하면 처음엔 흥미 있어 하던 아이들도 곧 재미없어 하는 게 눈에 보인다. 수업이 재미있어야 아이들이 선생님을 따를 텐데, 어떤 날은 지도서를 들고 어떻게 할까 고민하다가도 다른 대체 방법이 없어 다시 텔레비전을 틀어놓고 정보통신기술ICT로 대체했다.

"교사의 전문성을 약화시키는 매우 큰 요인 중의 하나가 멀티미디어 수업이에요. 멀티미디어 수업을 하면 교사가 수업 연구를 안 해도 되죠. 아이들을 이해하지 못하고 교과를 파악하지 못한 상태로 3, 4년 지나 보세요. 교사는 성장할 수가 없죠. 멀티미디어에 의존하는 클릭 수업은 교사를 석고화시킵니다."

– 서길원 교장 선생님

전문가의 말처럼 멀티미디어 수업은 교사의 수업을 다양한 방식으로 확대시켰지만 그에 따른 부작용도 낳았다.

멀티미디어 수업은 다양한 콘텐츠와 생생한 동영상으로 입체적인 수업이 가능하기 때문에 학생들의 흥미를 유발할 수 있다는 장점이 있다. 디지털 환경에 익숙한 세대라 아이들이 거부감 없이 받아들인다는 점도 장점이다. 실제로도 현재 초등학교 교실의 약 75%가 디지털 교과를 이용하고 있으며 최소 주 3회 이용하고 있다는 통계도 있다. 하지만 아직까지 그 자료가 다양하지 않은 데다 3분만 지나도 집중도가 현저히 떨어지는 점은 아직까지 남은 숙제이자 교사가 해결해야 할 몫이다. 디지털 교과 자료를 활용해 아이들의 흥미를 끌어내기 위해서는 다양한 자료 활용, 교육 프로그램 연계 등 끊임없는 교사의 노력이 필요한데 기존의 교육 자료만을 활용하는 데 그치는 것이다.

이슬기 선생님이 멀티미디어 수업을 선호하는 데는 다른 이유도 있었다. 마찬가지로 통제의 문제 때문이다. 정작 선생님이 원하는 수업은 협동 학습인데 아무리 신경 써서 준비해도 모둠 활동이 잘 이뤄지지 않아 '떠드는 시간'이 된다고 했다. 준비해온 내용을 반도 나가지 못하고 엉망이 되어버린다는 것이다. 협동 학습은 아이들이 수업을 주도하면서 과정과 결과를 스스로 알아나가는 학생 참여형 수업이지만 시간이 제한되어 있기 때문에 어느 때보다 교사의 지도와 관리가 필요한 수업이다. 선생님 입장에서는 제한된 시간 동안 수업을 끝마치지 못하면 다음 진도에도 지장이 있고 학교에서의 교사 평가를 생각하지 않을 수 없어서 협동 학습 중에 아이들 의견이나 수업 흐름을 강제로 끊고 교사가 할 말만 하고 넘어가게 되어버렸다고 했다.

이슬기 선생님의 고민은 특수한 상황이 아니다. 일선에서 일하는 많은 교사들이 이슬기 선생님과 비슷한 경험을 하고 고민을 한다. 집에서 아이를 양육하는 부모 또한 마찬가지다. 아이가 주도적으로 학습할 수 있도록 맡기자니 끝없는 인내와 기다림이 필요한데 한정된 시간에 더 많은 내용을 습득시키기 위해서 달달 외우게 하거나 교과 내용을 입력시키려고만 한다.

수업 시간이 소란스러운 또 다른 이유로 아이들의 수준 차이를 생각해볼 수 있다. 특히 영어 수업은 사교육의 발달로 아이들의 수준이 천차만별이다. 한 학급에서도 잘하는 아이와 못하는 아이의 수준 격차가 매

∶ **멀티미디어 수업 중인 교실.** 멀티미디어를 활용한 수업은 수동적인 수업을 만드는 부작용을 가져올 수 있다.

우 크다. 잘하는 아이들은 영어 수업을 곧잘 따라오고 수업에도 적극 참여하지만 영어 수업이 어렵게 느껴지는 아이는 선생님이 일일이 지도하고 신경 쓰지 않는 한, 수업에 집중하지 못하고 매우 산만하다. 수업을 따라가기 힘들어하는 아이는 필요한 것을 채워주면 쉽게 해결될 수 있다. 그러나 이러한 수준 차이로 생기는 소란스러움도 이슬기 선생님은 자신의 '실력 없음'으로 단정 지었다.

마지막으로 수업 설계의 부재도 문제로 지적됐다. 여행을 떠날 때 우리는 보통 어디를 갈지 목적지를 정한 다음 지도로 가야 할 길을 확인하거나 정보를 얻고 중간 경유지도 선택한다. 이처럼 계획하고 떠나는 여행과 무계획으로 떠나는 여행은 차이가 있다. 미리 로드맵을 그리면 각종 정보를 얻고 여행하는 목적지에 대한 기대도 상승하지만 어디인지도 모르고 계획 없이 떠나는 여행은 도중에 어떤 일이 생길지 몰라 불안이 가중된다.

마찬가지로 수업을 시작하기 앞서 아이들에게 지금 떠나는 수업 여행의 목적지가 어디인지를 예고하면 소란스러움도 줄어든다. 물론 수업 시간이 소란스럽고 산만한 이유가 개개인의 성격 때문일 수도 있고 통제 부족일 수도 있지만 대체로 수업 내용이 재미없거나 이해되지 않을 때 아이들은 소란스럽게 행동하는 경향이 있다.

협동 수업과 같은 활동 중심의 수업도 마찬가지다. 협동 수업이 잘 이뤄지려면 각 모둠의 구성원들이 자기 역할을 분명하게 알고 있어야 한다. 각자의 역할을 모르는 상태에서 모둠 활동을 시키면 좌표를 잃고 헤매거나 우왕좌왕하는 등 전체적으로 집중하지 못하고 소란스럽다. 선생님 또한 목표를 인지하고 역할을 인지하지 못하면 지도 기준이 흔들리는 까닭에 그때그때의 감정이나 상황에 따라 수업을 전개하게 된다. 그렇게 되면 수업은 일관성이 없어지고 아이들이 혼란을 느끼는 것은 당연한 결과다.

그렇다면 '지루함'과, '소란스러움'을 오로지 통제로 해결하려는 선생님의 수업 방식은 어떻게 해결할 수 있을까?

통제를 내려놓고
아이들 곁으로 다가가라

선생님의 힘겨운 도전

전문가들의 첫 번째 미션이 시작됐다. 전문가들은 토의 끝에 선생님이 수행해야 할 미션을 몇 가지 정해 선생님에게 전달했다. 미션을 받아든 선생님의 표정이 복잡했다. 한숨 소리가 절로 나왔다. 변화를 위한 도전이 아직까지는 부담스러운 표정이다.

1차 미션

1. 아침 10분을 잡아라

아침 10분은 교실의 질서를 세우는 시간이다. 아침 시간을 잘 다져놓으면 수업 시간이나 학급 분위기도 잘 조성된다.

2. 통제를 내려놓고 아이들 곁으로 다가가라

3. 아이들과 아침 인사하기

일주일 후, 평소보다 일찍 출근한 선생님이 칠판에 뭔가를 적었다. 하나둘 교실에 들어선 아이들이 관심을 보이더니 칠판 앞으로 모여들었다. 칠판에는 아침 시간에 아이들이 해야 할 일들이 적혀 있다. "독서 기록장을 준비하고 자리에 앉아 책을 읽습니다." "생활 공책을 읽습니다." 소란스러움을 잡기 위해 아이들이 할 일을 적은 것이다. 이것으로 반 분위기가 바뀔 수 있을까?

놀랍게도 아이들은 칠판에 적힌 대로 조용히 앉아 책을 읽기 시작했다. 아무리 타일러도 아랑곳 않고 떠들던 아이들이 선생님이 큰소리를 치지 않는데도 조용했다. 선생님은 차분하게 기다리다가 교실에 들어오는 아이들과 인사를 나누었다. "안녕, 민호야?", "안녕하세요.", "안녕, 혜성아." 처음으로 아이들에게 건네는 인사다. 아이들에게 다가가기 위한 첫 노력인데 어색하기만 하다. 웃으면서 인사하는 이 시간이 어색하다 보니 아이들을 다 챙기지 못해 인사를 나누지 못한 아이들도 꽤 있다. 아이들도 아무래도 어색했던 모양인지 시큰둥한 분위기지만 교실 전체의 공기가 달라진 건 확실하다. 아침 인사의 영향은 수업 시간까지 이어졌다.

한 달 후 이슬기 선생님으로부터 뜻밖의 전화가 걸려왔다. 생각만큼 미션 수행이 잘 안 된다는 하소연이었다. 다시 상황이 안 좋아져서 코칭을 그만두고 싶다고 했다. 전혀 예상하지 못한 상황이었다.

도대체 그동안 무슨 일이 생긴 걸까? 다시 카메라를 설치하고 교실 상황을 관찰했다. 겉으로 보기에는 별다른 문제가 없어 보이는데 예전과 비교했을 때 교실이 더 소란스러워진 느낌이다. 수업 종이 일찌감치 울렸는데도 아이들은 자리에 앉을 생각도 하지 않고 떠들었다. 칠판 앞에 선 선생님은 화를 억누르고 있는 표정이다. 처음 만났을 때의 상황과 비슷하다. 선생님은 단체 기합을 주겠다는 엄포로 시작해서 손가락을 접으며 카운트를 했다. 선생님의 통제는 처음보다 훨씬 심해졌고 그에 반해 아이들은 좀처럼 조용해지지 않는다. 좋은 선생님이 되고 싶다는 선생님의 마음과 달리 교실 상황은 최악으로 치닫고 있다.

밤늦도록 전문가들의 회의가 이어졌다. 다시 어렵게 이슬기 선생님은 전문가들과 마주했다.

이슬기 선생님의 미션은 그동안 어떻게 진행되고 있었을까?

더욱 심해진 통제

교실에서 선생님의 날카로운 목소리가 울렸다. "너, 손 들어!", " 유용재, 김명현 손 들어!" 칠판에 기댄 선생님이 아이들이 떠들 때마다 벌을 내렸다. 한눈에 보기에도 아이들에 대한 통제는 더욱 심해졌다. 심지어 벌까지 세운다.

수학 공식을 설명하다가도 선생님은 매서운 소리로 손 드는 벌을 내렸다. 가차 없다. 교실에는 통제만 가득했다. 반면 아이들 곁으로 돌아가려는 선생님의 노력은 보이질 않는다. 선생님이 미션 대신 선택한 것은 통제. 이것이 달라지지 않은 이유다.

아이들은 선생님의 변화를 어떻게 받아들일까? "예전에는 착하셨는데 지금은 무서워요", "선생님이랑 친하게 지냈는데 요즘에는 무서워졌어요", "예전에는 선생님이 잘 웃으셨는데 지금은 웃음이 없어졌어요" 아이들이 본 선생님의 모습이었다.

영상을 본 전문가들의 표정이 굳어졌다. 선생님이 무섭다는 아이들의 말이 아프게 다가온다. 어디서부터 무엇이 잘못된 것일까? 전문가들은 선생님이 미션을 제대로 실천하지 않았다고 지적했다. 3월부터 지금까지 아직도 학급을 통제하는 일을 가장 중요하게 생각한다는 것이다. 그런 점에서 지난 시간 동안 변화가 없는 것 같다고 말했다.

"영상에서 보이는 선생님의 눈 마주침은 감독하는 눈 마주침이에요. 사랑하는 눈 마주침이 아니에요. 선생님이 가진 따뜻한 감성이나 아이들에 대한 애정이 머릿속에서만 있어서는 안 됩니다. 몸짓으로 드러나고 표정으로 드러나고, 말 속에 드러나야 합니다."

—서길원 교장 선생님

전문가들의 코칭이 이슬기 선생님에게는 비난처럼 다가오는 것 같았다. 전문가들의 지적과 조언이 계속 이어졌지만 선생님은 인정하기가 힘들었다. 노력한다고 했는데 전문가들은 달라진 게 없다고 하고 전혀 노력하지 않았다고 하니 그게 더 속상한 것이다. 아마 선생님만큼 자신의 문제를 심각하게 고민한 사람은 없을 것이다. 그런데 고민을 많이 했다고 해서 문제는 끝나는 게 아니다. 그 고민이 뭔가 구체적인 행동으로 나타나지 않으면 변화를 기대하기가 힘들다.

이슬기 선생님의 현재 상황은 어떨까? 미션이 과도하게 느껴진 건지, 아니면 전문가들이 미처 파악하지 못한 다른 일이 있었는지를 알기 위해 심층 상담에 들어갔다.

선생님은 미션을 적극적으로 수행하고 싶은데 미션을 하면서 자신이 고갈되는 느낌이 든다고 했다. 아직 미션에 대한 확신이 부족하기 때문이다.

가장 중요한 것은 선생님의 실천 의지다. 그것이 없다면 아무리 훌륭한 미션도 소용이 없다. 전문가들은 선생님에게 미션을 실천할지 스스로 확실하게 결정해달라고 요구했다. 한참 얼굴을 쓸어내리며 괴로운 표정으로 망설이던 선생님이 어렵게 "네" 하고 입을 뗐다. 앞으로의 교사 생활을 걸고 열심히 해보겠다고 했다. 이제는 누구와의 약속이 아닌, 자신과의 약속이다. 선생님의 변화가 자신의 변화뿐만 아니라 그와 같은 처지에 있는 많은 교사들에게 희망을 줄 것이다.

이슬기 선생님은 미션 수행에서 많은 어려움을 겪었다. 자신과의 약속을 지키기 위해 선생님은 다시 한 걸음을 내딛기로 했다.

미션 수행이 잘 안 되는 근본적인 원인은 통제를 내려놓지 못하는 점과 감정 조절의 실패였다.

선생님은 "어디까지 잘해주고, 어디까지 통제해야 할지 모르겠어요"라며 그 기준을 잘 모르겠다고 토로했다. 하지만 선생님의 고민은 여전히 통제에만 머물러 있었다. 통제 중심의 사고방식이 틀렸다는 점을 깨닫지 못한 것이다.

통제를 하려고 하면 할수록 아이는 통제 대상으로만 존재한다. 그리고 교사와 아이의 관계, 또는 부모와 아이의 관계가 멀수록 그 사이를 통제가 차지한다. 반면 관계가 가까울수록 통제도 줄어든다. 예를 들어 아침 자율학습 시간에 아이들이 책을 안 읽고 딴짓을 할 때, 아이들과의 관계가 좋지 않으면 "너희들 책 안 봐?"라는 말부터 한다. 아이들을 믿지 못하니까 통제부터 시작하는 것이다. 반면 아이들과의 관계가 좋으면 "여러분, 지금 뭐하는 시간이죠?" "책 읽는 시간이요" 하고 확인하는 정도로 충분하다. 아이들은 선생님과 좋은 관계를 맺고 있기 때문에 선생님의 확인만으로도 스스로 행동을 바꾼다. 교사나 부모가 아이에게 좋은 영향을 미치면 아이들의 행동도 바르게 변한다.

이슬기 선생님의 미션 수행이 어려움을 겪는 또 다른 원인은 '화'였다. 아이들이 떠들고 소란스러우면 선생님은 즉시 화를 냈다. 화를 내고나서는 참지 못하고 화를 낸 자신이 후회스럽고 자책감이 든다고 했다. 화내고 싶지 않은데 화내고 마는 상황이 선생님의 가장 큰 불안이었다.

화는 감정적인 표현이다. 그래서 다른 사람에게 상처를 준다. 화내는 사람과 있으면 어린이가 아니라 성인이라도 그 자리가 껄끄럽고 어렵다. 물론 화를 내는 게 부정적인 것만은 아니다. 왜 화를 내는지 그 이유가 분명하면 상황은 달라진다. 상대를 미워해서가 아니라 그 상황에서 필요하기 때문에 내는 화는 무서움은 있어도 상처를 주지는 않는다. 그러나 불만이나 불안이 늘 가슴에 차 있어서 부정적인 감정이 시한폭탄처럼 자리하고 있는 경우, 화를 내는 정당성도 없고 감정을 제어하기가 어렵다.

우리가 사람에게 화를 내는 건 그 사람에 대한 기대가 실망으로 바뀔 때다. 즉, '화'는 감정이 아니라 감정의 결과다. 그러나 부정적인 감정을 받은 아이는 그 감정의 의미를 모를 수 있다. 그럴 땐 화를 내게 된 이유를 이야기해줘야 한다. 아이가 납득할 수 있게끔 이러한 점을 기대했는데 그러지 못해서 실망했다는 점을 설명해줘야 한다.

'화' 자체는 나쁜 게 아니지만 설명 없이 화를 내면 아이들은 공포감을 느끼고 불안해한다. 분노 속에 다른 감정이 숨어 있다는 걸 자각하지 못하기 때문이다. 예를 들어 "너희들이 선생님 마음을 알아줄 거라 생각했어. 그런데 선생님이 말한 대로 하지 않으니까 정말 속상하다"라고 말하면 속상한 감정 때문에 화를 냈다는 걸 아이들도 이해한다.

의외로 화를 내기까지 자신의 진짜 감정을 모르는 어른들이 많다. 화를 냈다고 해서 후회하고 반성해도 소용없다. 이미 지나간 상황은 어쩔 수 없다. 단, 분노가 지나간 다음에 다시 생각해봐야 한다. 무엇 때문에 화가 났는지, 분노 이전에 어떤 마음이었는지를 말이다. 분노에는 항상 기대와 실망이 함께한다. 자신이 어떤 기대를 했었는지를 생각하다 보면 진짜 감정의 실체를 발견할 수 있다.

교사로서 아이들에게 화를 내는 이유는 다양하다. '자꾸 떠들어서 수업 진도를 못 나가니까', '너희가 싸울까 봐', '사고 나서 다칠까 봐' 등 공통적으로 걱정하는 마음이 자리한다. 걱정스러운 마음이 더 나아가 화가 되는데, 화는 감정의 본질인 걱정이라는 감정은 전달해주지 않고 부정적인 감정만 전한다.

선생님도 그제야 고개를 끄덕였다. '화를 내지 말아야겠다'는 마음만 강했는데, 왜 그랬는지를 알 것 같았다. 화와 같은 부정적인 감정은 다양한 수위로 표현될 수 있다. 그럴 때는 왜 화를 냈는지 적어보고 화 대신 무엇으로 표현할 수 있을지 생각해봐도 좋다. 화는 화를 낸 이후가 더 중요하다. 부정적인 감정은 남에게 쉽게 전이되고 마음의 상처가 되기 때문이다. 아이들에게 강력한 영향을 미치는 위치에 있는 교사가 자신의 감정을 조절하지 못하면 아이들의 자존감이 떨어지고 교사로서도 자괴감이 생기기 때문에 적절한 감정 조절은 꼭 필요하다.

전문가들은 이슬기 선생님에게 마음을 다스리기 힘들 때는 평정표를 작성해보라고 했다. 즉, 감정을 100이라고 보고 학급에서 기분 좋지 않은 일이 일어날 때 화나는 마음을 점수 매겨보는 일종의 감정 조절법이다. 자신의 마음을 표시하면 화를 낼 상황인지 아닌지를 스스로 판단하면서 자기 마음을 조절할 수 있다.

그리고 내 기분이 이렇다는 것을 기록하면서 잘했던 순간이나 즐거웠던 순간, 자주 느끼는 감정들도 함께 떠올릴 것을 주문했다. 우리가 변화하고 성장하기 위해서는 많은 에너지가 필요하다. 이슬기 선생님의 경우, 가지고 있는 장점에 대해서 충분한 격려나 지지를 받지 못했기 때문에 "난 할 수 없어"와 같은 무기력감을 많이 느꼈다. 코칭을 진행하면서는 이슬기 선생님이 가지고 있는 좋은 점을 보고 격려하고자 했다.

가르치는 일은
관계하는 것이다

스스로의 장점을 찾으면 아이의 장점도 보인다

전문가들의 현장 코칭도 시작됐다. 심리 전문가 신을진 교수가 선생님의 수업을 꼼꼼히 관찰하고 아이들의 이야기도 들어봤다. 선생님이 교사로서 자신감을 회복할 수 있는 방법도 구체적으로 제시했다. 신을진 교수는 선생님이 잘한 부분을 인정하는 힘을 키우면 아이들에게서도 조금 더 칭찬할 부분을 찾기가 쉽다고 말했다. 선생님의 장점을 찾고, 아이들을 칭찬하라는 것이다. 전문가의 조언에 용기를 얻었는지 선생님의 얼굴이 밝아졌다.

수업 코칭 전문가 정유진 선생님과는 아이들과 관계를 맺는 방법에 대해서 고민을 나눴다. 수업 시간에 선생님이 아이들에게 가까이 가는 방법도 나눴다. 본격적인 활동을 하기 전에 "시작하겠습니다"라고 예고하고서 아이들 곁으로 가야 한다. 필기하거나 만들기 활동을 할 때는 교실을 돌아다니면서 아이 옆에서 "어떻게 생각하니?" 질문도 하고 "그래, 넌 그렇게 생각하는구나"라고 동조하면서 이야기를 나누는 것이 좋다. 이렇게 구체적인 수업 방법을 공유하면서 이슬기 선생님은 머릿속이 조금 더 환해지는 것을 느꼈다.

2학기가 시작되었다. 아침 조례 시간, 선생님이 차마 그동안 하지 못했던 가슴속 이야기를 꺼내기로 결심했다. 아이들의 시선이 한곳으로 모아졌다. 선생님은 전날 미리 정리해둔 수첩을 보면서 아이들에게 고백을 했다.

"선생님이 나쁜 모습 너무 많이 보여줘서 미, 안, 해."

미안하다는 솔직한 고백이다.

"계속 선생님이 생각해봤는데 이렇게 미안한 건 너희들을 사랑하고 있기 때문인가 봐."

선생님의 사랑 고백이 계속됐다. 그렇게 선생님은 아이들 곁으로 한 발 다가섰다. 아이들은 부끄러워하면서도 선생님의 고백이 기분 좋은 모양이다.

다음 날, 아침부터 선생님이 거울 앞을 떠나지 않는다. 입꼬리를 살짝 올리며 잃었던 웃음을 다시 찾는 연습을 하기 위해서다. 오랜만의 연습이라 생각만큼 잘 되지 않는지 볼을 꾹꾹 누르고 다시 웃는 연습을 반복했다. 등교하는 하람이와 복도에서 마주치자 서로 정중히 허리를 굽히고 악수를 했다. 어떤 학생과는 하이파이브를 주고받고 다른 학생 과는 포옹을 했다. 아침에 연습했던 웃는 얼굴이 예뻐 보인다.

선생님은 그 외에도 스스로 미션을 정하고 하나하나 적었다. 그전과 는 마음가짐부터 달라보인다.

〈선생님의 미션 일지〉

· 아침 인사 눈 맞추고 따뜻하게 인사하기, 10초 동안 안기, 한마디씩 나누기

· 하루 5번 거울 보고 웃는 연습하기, 팔짱 끼지 않기, 칠판에 기대지 않기

· 수요일 아침에는 그림책 읽어주기

· 듣기 자료를 제외한 멀티미디어 수업 자료 쓰지 않기

· 공부할 문제, 활동 수업 시작할 때 명확히 안내하기

· 발표는 골고루 시키기

· 칭찬할 점 찾아 웃으며 이야기해주기

'선생님의 약속'을 적은 대자보 용지를 아이들이 볼 수 있는 교실 입구 에 붙여놓았다. 이제부터 '선생님의 약속'을 날마다 되새기며 매일 실천 해 나갈 작정이다.

그중에서 가장 큰 결심은 교사생활 4년 내내 놓지 못했던 멀티미디어 수업을 하지 않기로 한 것이다. 수업 시간이면 늘 켜져 있던 텔레비전에 검정 천을 덮었다. 스스로 수업 준비를 하겠다는 단호한 의지다. 그로부터 한 달 후, 선생님의 수업은 어떻게 달라졌을까?

변화된 모습, 쌍방향 소통 수업

"맞아. 어린 고종에게 왕위를 준 거야. 흥선대원군이 직접 왕이 된 게 아니라…."

사회 수업 시간. 멀티미디어 동영상이 사라지자 교실에는 활기가 살아났다. 선생님의 시선이 아이들을 향해 있다. 아이들도 수업에 적극적으로 참여한다. "천주교를 믿는 사람은 머리를 절단하는 거예요", "그렇지!" 아이의 대답에 선생님이 얼른 맞장구를 쳐주었다.

컴퓨터 앞을 떠난 선생님이 아이들 곁으로 다가왔다. 선생님이 지수에게 다가가 허리를 구부리자 지수도 선생님과 눈을 맞춘다. "흥선대원군이 만든 거예요." "중요한 내용이었고 잘 대답했어." 선생님이 통제 대신 칭찬을 하자 아이들 얼굴에 웃음이 찾아왔다.

"열심히 노력하시고 항상 웃으시는 선생님이 예뻐보여요. 선생님 앞으로도 더 예뻐지시고 힘내세요"라는 예빈이 말처럼 선생님의 얼굴도

환하게 빛났다.

'하루 이틀이라도 소리 지르지 않았으면 좋겠다'가 가장 큰 목표라는 선생님. 웬만하면 미리 대처해서 아이들에게 소리를 안 지를 수 있도록 조절하자고 생각했다. 아직 어른들의 손이 필요한 나이라 스스로 할 수 없는 것들도 많은 나이다. 그래서 계속 반복 설명을 해줘야 하는 것도 잘 안다. 하지만 늘 소리 지르지 말자고 마음먹다가도 아이들이 딴짓을 하거나 말을 안 들으면 그 굳은 결심도 한순간에 와르르 무너진다. 하지만 선생님은 조급함 대신 멀리 보는 마음으로 아이들과 관계 맺기를 진행하고 있었다.

선생님은 언제나 학생 편

이슬기 선생님은 스튜디오에 올 때마다 늘 눈물을 보이던 선생님이었다. 아이들의 따끔한 한마디에 반성의 눈물을 흘렸고, 지쳐서 더 이상 넘기 힘든 변화의 고비마다 어김없이 눈물샘은 자극됐다. 눈물은 말로 다하지 못한 감정의 표현이다.

눈에서 눈물이 마를 새 없던 선생님은 이제 눈물 대신 웃음을 보인다. 마치 딴 사람을 보는 것처럼 그런 선생님의 변화가 눈부시다. 그동안 선생님의 노력은 미션 수행일지에서도 드러났다. 미션 실천 내용을 하루도 빼놓지 않고 기록하면서 선생님은 마음을 다잡고 아이들을 한번 더 생각했다. 그 노력은 선생님이 극적으로 변화한 비밀이기도 했다. 아이들이 느끼는 선생님의 변화는 선생님이 느끼는 변화 그 이상이었다. "선생님이 달라졌다", "우리를 믿어주시고 사랑해주시고 존중해주신다"는 말로 선생님의 이미지를 표현했다.

그동안 선생님에게는 어떤 감정의 변화들이 있었을까? 선생님은 "아이들이 내 편"이라는 말로 자신의 감정을 표현했다. 더 좋은 선생님이 되기 위해서 통제를 내려놓고 아이들을 믿기로 결심했다. 그러자 아이들은 선생님의 든든한 지원군이 되었다. 아이들에게 잘해주면 아이들도 선생님을 믿고 잘 따라온다. 믿음을 주면 그 믿음을 배로 돌려주는 존재가 아이들이다. 앞으로 힘이 들어 포기하고 싶은 순간이 올 때 선생님에게 가장 큰 힘이 되어주는 것은 그 누구도 아닌, 바로 아이들일 것이다.

가르치는 일은 통제하는 게 아니라 관계하는 것이다. 때로는 아이들에게 상처를 받기도 하지만, 그 상처를 치유받는 길 또한 아이들과의 관계 속에 있다. 아이들과의 따뜻한 관계 속에서 선생님도 성장한다.

산만한 아이, 그 원인은 무엇일까요?
– 행동으로 나타나는 아이의 심리 이해하기

교사나 부모가 가장 다루기 힘든 유형을 꼽아보라고 하면 보통 '짜증내는 아이', '산만한 아이', '의욕 없는 아이' 이렇게 세 가지 경우를 공통적으로 말한다. 모든 행동에는 다 이유가 있다고 하듯이 짜증을 내거나 산만하거나 의욕이 없는 행동에는 그럴 수밖에 없는 원인이 있다. 과연 그런 행동들이 보내는 심리적, 신체적 신호는 무엇일까?

Q. 말 잘 듣던 아이가 언제부터인가 이유 없이 짜증을 내요.

A. 아이가 이유 없이 짜증을 낼 때는 그 속에 있는 심리 상태를 들여다봐야 한다. 짜증을 많이 내는 아이는 사랑받고 싶은 욕구가 강한 경우가 많다. 자신에게 관심과 사랑이 부족하다고 느낄 때 짜증을 내면서 사랑과 관심을 달라고 신호를 보내는 것이다. 이때 아이의 짜증에 화를 내는 것은 금물. 아이를 꾸중하거나 화를 내면 아이는 이를 자신을 미워하기 때문에 그러는 것으로 오해할 수 있다.

청소년의 경우 급작스레 짜증이 늘었다면 몸의 증상부터 체크해봐야 한다. 배가 아프다거나 머리가 아프다고 호소하거나 성적이 떨어졌다면 우울증을 의심해볼 수 있다. 성인과 달리 청소년 우울증은 대개 심한 짜증이나 반항, 성적 저하, 친구 관계 악화, 인터넷 중독 등으로 나타난다. 부모나 교사는 이를 눈치채지 못하고 사춘기 때에 나타나는 현상으로 생각하고 대수롭지 않게 넘어가는 경우가 있는데 여러 가지 상황을 종합적으로 관찰해서 판단해야 한다.

청소년 우울증은 부모의 불화나 성적으로 인한 스트레스, 친구 관계 등 그 원인이 다양하므로 정확한 원인을 파악하고 아이를 돕고 싶다는 뜻을 분명하게 전달해주는 것이 좋다. 사춘기는 감수성이 예민한 상태이기 때문에 주변 환경에 휘둘리기 쉽고 잘 방어하지 못하는 특성이 있다. 치료 시기를 놓치면 성인이 된 뒤 은둔형 외톨이로 지내거나 사회에 적응하지 못할 수 있으므로 제때 치료해야 한다.

다른 아이에 비해 유난히 움직임이 많고 한시도 가만히 있지 못하는 아이들이 반에 두서너 명은 있다. 대개는 학교 생활 방식에 익숙해지지 않아서인데, 대부분은 시간이 지나면서 자연스럽게 고쳐진다.

문제는 시간이 지나도 나아지지 않고 수업 중에도 산만하게 교실을 돌아다니거나 잠시도 가만히 있지 못해 수업에 집중하지 못하면서 다른 아이들에게도 수업에 방해가 되는 경우다.

이 경우 가장 먼저 생각해볼 수 있는 원인은 뇌의 불균형이다. 우리 뇌는 좌뇌와 우뇌가 균형 있게 발달하면서 사회성을 익히고, 자기 조절이나 주의력 등이 발달하게 된다. 그래서 어느 한쪽이 발달하지 못하면 눈에서 입력하는 정보 처리에 문제가 생겨 또래에 비해 주의력이 떨어지게 된다. 선생님의 지시에 잘 따르지 못하고 과제 수행에 어려움을 느끼는 등 학교생활에 잘 적응하지 못하는 문제가 발생하는 것이다. 이와는 다르게 난청으로 주변의 소리를 잘 알아듣지 못해 집중력이 떨어지는 경우도 있다.

산만한 아이 중에는 유난히 중요한 것과 중요하지 않은 것을 구별하지 못해 정리를 잘하지 못하는 아이가 있다. 정리를 잘하지 못하는 아이는 처리 제어 기능이 불안정하기 때문이다. 즉, 세부 사항의 우선 순위를 정하지 못해서 중요하지 않은 쪽지와 중요한 문제지를 똑같이 처리한다. 그러니 모든 자료가 체계

없이 쌓여 일을 제대로 처리하지 못하는 것이다.

산만한 행동이 지속적으로 반복된다면 ADHD주의력결핍 과잉행동장애도 의심해 볼 수 있다. ADHD는 지속적으로 주의력이 부족하거나 산만하고 과다한 활동, 충동성 등을 보이는 장애로, 아이의 돌발적인 행동이 지속되고 통제가 어렵다면 전문의와의 상담이 필요하다.

Q. 매사에 의욕이 없고 무슨 일이든 몇 번을 시켜야 겨우 해요. 하고 싶은 것도 없다고 말해요.

의욕 없는 아이는 마음의 고통이 있거나 남에게 쉽게 마음을 열지 못하는 성격이 많다. 부모나 교사의 의욕이 너무 앞서거나 기대가 너무 높아서, 또는 무시를 당해서 모든 일에 관심을 잃고 수동적으로 변하는 경우가 많다.

부모나 교사의 의욕이 지나치게 앞서면 아이의 일을 하나부터 열까지 순서를 정해 그대로 따를 것을 요구하게 된다. 아이로서는 스스로 무엇을 할 기회가 없어지는 셈이라 그 의지 또한 꺾이기 마련이다.

또한 아이에 대한 기대가 높아지면 아이는 부담감에 긴장하고 위축될 수 있다. 게다가 스스로 관심을 갖고 있지 않은 일이라면 자신이 원하는 것은 포기할 수밖에 없는 상황. 그러다 보니 자신감은 없어지고 무엇을 하고 싶다는 의욕도 없다. 특히 부모나 교사가 원하는 것을 강하게 밀어붙이는 성향이라면 아이는 더더욱 의욕을 잃고 그 기대를 만족시키기 어렵다는 생각에 포기도 빨라진다.

아이가 의욕이 없어지는 것은 하루이틀 사이에 생긴 문제가 아니라 아주 오래전부터 좌절의 경험들이 쌓여 이루어진 것이다. 그렇기 때문에 이 아이는 남에게 쉽게 마음을 열지 못한다. 자신을 꺼리는 사람들에게 상처받는 게 두렵기 때문이다. 아이에게 필요한 건 시간이다. 느긋하게 지켜보면서 긍정적인 말과 에너지로 아이가 자신이 좋아하는 것을 찾고 즐길 수 있도록 꾸준하게 도와줘야 한다.

의욕 잃은 아이에게 필요한 건 관심과 대화다. 아이가 좋아하거나 관심 있어 하는 것은 무엇인지를 물어라. 장래 희망이나 꿈에 대해서도 이야기를 나누자. 아직 가능성이 무한하기 때문에 꿈이 날마다 바뀌고 터무니없는 꿈을 꿀 수도 있다. 그렇더라도 아이 스스로 생각하고 자신의 미래를 상상할 수 있도록 도와줘야 한다.

의욕 없는 아이의 마음에는 실패에 대한 두려움이 크다. 그러므로 새로운 것에 호기심을 갖고 도전할 수 있도록 평소에 아이의 단점보다는 장점을 찾아내어 칭찬하는 연습을 해야 한다. 만약 아이 스스로 원하는 게 있다면, 아이가 원하는 것을 하기 위해 어떻게 해야 좋을지 방법을 함께 모색하는 것도 좋다.

아이들의 마음을 여는
믿음이란 무엇인가

교사의 교권과 학생의 인권은 공존할 수 있을까?

체벌은 그대로인데, 받아들이는 방식이 바뀌었다

군사부일체君師父一體. 부모님과도 같은 스승이 제자의 잘못을 나무라고 따끔하게 혼내는 것은 예부터 당연한 것으로 여겨졌다. 지금으로선 상상하기조차 힘든 일이지만 불과 지난 세대까지만 해도 학부모들이 선생님께 '회초리'를 선물하는 모습도 종종 볼 수 있었다. 소중한 자식이 올바르게 클 수 있도록 '사랑의 매'로 잘 가르쳐 달라는 부탁의 의미였다.

이처럼 학교 선생님의 체벌에 관대할 수 있었던 이유 중 하나는 부모도 자식을 훈육할 때 매로 다스리는 일이 잦았기 때문이다. 잘못을 저지른 자식에게 회초리를 드는 부모의 모습은 드라마에도 자주 등장하곤 했다. 아버지가 잠든 자식의 상처에 약을 발라주다가 가슴 아파하며 울음을 삼키고, 잠든 척했던 자식이 뒤늦게나마 아버지의 사랑을 깨닫고 눈물을 흘리는 장면은 '사랑의 매'가 교육적인 효과가 있음을 암시했다.

21세기에 들어서면서부터 체벌에 대한 인식은 급격하게 변화하기 시작했다. 엄격한 훈육에 대한 부정적인 평가가 확산되고 체벌은 교육적인 효과가 없다는 내용의 연구 결과가 연이어 발표되면서 사회적으로도 체벌은 더 이상 '사랑의 매'가 아닌 폭력에 불과하다는 새로운 인식이 자리 잡게 된 것이다.

생각이 바뀌자 선생님의 체벌에 대응하는 방식도 달라지기 시작했다. 선생님이 학생에게 매를 들면 나머지 학생들은 증거로 남길 사진을 찍겠다며 핸드폰을 들이대며 반항하는 일이 유행처럼 번졌다. 자식에게 함부로 손을 댄 것에 대해 사과하라면서 학교로 직접 찾아오는 학부모들도 많아졌다. 교사의 상징처럼 여겨졌던 '교편'을 내려놓으라는 압력을 받게 된 선생님들은 위기감을 느낄 수밖에 없었다.

교권의 위기, 학교 교육의 붕괴인가

한 선생님이 수업 시간에 칠판에 써 놓은 문제를 풀어보라고 몇 명을 교실 앞으로 불러냈다. 그중 한 학생이 일부러 엉뚱한 소리만 적어 놓고 자리에 들어가자 지켜보던 다른 학생들이 즐거워했다. 그 학생이 반에서 영웅처럼 떠받들어지는 순간이다. 교사는 한없는 무력감을 느끼면서도 애써 담담한 척 수업을 진행했다. 수업 시간에 엎드려 자는 학생을 깨우면 오히려 화를 내며 대드는 데도 제대로 혼낼 방법도 없다. 그냥 자게 놔두는 게 상책이란 생각에 모른 척하고 넘기지만 교사로서 이게 과연 옳은 행동인가 싶어 자괴감에 빠지는 것이 한두 번이 아니다.

30년 경력의 학생주임 선생님도 이제는 학생들의 생활지도를 어떻게 해야 할지 난감하기만 하다. 야간 자율학습 시간에 휴대폰을 가지고 문자를 보내는 학생을 봐도, 담배 냄새를 풀풀 풍기는 학생을 발견해도 잔소리를 하는 것 말고는 방법이 없다. 교사에게 대놓고 욕설을 해도 교실 뒤에 서 있으라고 벌 주는 게 고작이다. 그나마도 5분을 넘겨서는 안 된다. 반성의 기색이 전혀 없이 자리로 들어 가 앉는 학생을 바라보던 선생님은 몇 년 전부터 망설이고 있던 명예퇴직을 신청하기로 결심을 굳혔다.

"교권이 추락한다는 표현은 옳지 않다. 교권은 이미 사라진 지 오래다."

자조 섞인 말이 선생님들 사이에서 흘러나온다. 교권은 선생님이 학생을 가르칠 수 있는 권리이자 권위이기도 하다. 교권의 위기는 곧 학교의 위기를 뜻한다.

교육과학기술부가 발표한 '2009~2012년 명예퇴직 교원 현황'에 따르면 2012년 명예퇴직 교사는 4,745명으로 3년 새 70.9%나 증가했다.

명예퇴직의 원인에 대해서 응답자의 94.9%가 '교육 환경 변화에 따른 어려움'을 꼽았을 정도로 많은 교사들이 학생들을 지도하는 데 필요한 자신감을 잃어가고 있다. 문제 학생에 대해 상의하고자 해도 '우리 아이는 잘못이 없다'고 우기는 학부모와의 줄다리기, 선생님에 대해 무조건 적개심부터 품는 학생들, 교사가 무능력하다고 꼬집는 여론의 따가운 시선을 견디는 일이 결코 쉽지 않아서다.

학생들의 인권은 높아졌을까

> **〈 경기도 학생인권조례 〉**
>
> 제2절 폭력 및 위험으로부터의 자유
>
> 제6조 (폭력으로부터 자유로울 권리)
>
> ① 학생은 따돌림, 집단 괴롭힘, 성폭력 등 모든 물리적 및 언어적 폭력으로부터 자유로울 권리를 가진다.
>
> ② 학교에서 체벌은 금지된다.
>
> ③ 학교와 교육감은 따돌림, 집단 괴롭힘, 성폭력 등 학교폭력 및 체벌을 방지하기 위하여 최선의 노력을 다하여야 한다.

우리나라 최초의 학생인권조례가 경기도에 이어 서울과 광주에서도 만들어지자 대한민국 교육계는 큰 혼란에 빠졌다. 인권조례의 내용 중에서도 모든 종류의 체벌을 금지하는 조항은 특히 교사들의 심한 반발을 불러왔다. 그동안 제대로 보호받지 못했던 학생들의 인권이 크게 향상될 것이라는 기대와 선생님들의 교권이 추락할 것이라는 우려 속에서 시행된 학생인권조례는 어떤 결과를 가져왔을까?

우선 교실에서 체벌이 일어나는 일이 거의 사라졌다. 더 중요한 변화는 학생들이 스스로 권리를 주장하기 시작한 것이었다. 교사에게 혼나는 학생들은 이것이 체벌인지 아닌지를 따져 보기 시작했다. 뒤늦게 개정된 초중등교육법시행령으로 간접 체벌이 허용된 뒤에는 규정에 맞는 벌칙이 아니면 따르지 않겠다는 학생들도 나타났다.

하지만 학교생활을 주의 깊게 들여다 보면 학생들의 입장은 예전과 크게 달라지지 않았음을 금방 알 수 있다. 체벌 금지로 선생님들의 영향력이 줄어든 학교에는 따돌림이나 괴롭힘을 당하는 피해학생을 보호할 수 있는 안전장치가 없었다.

입시 위주의 교육 방식도 여전했다. 수업 시간에 집중하지 못하고 산만하게 굴거나 엎드려 자는 아이들은 때로는 예전보다 더한 소외감을 느꼈다. 공부에 흥미가 없는 아이들은 체벌보다 더 끔찍한 선생님의 무관심 속에서 투명인간이 된 듯 의미 없이 하루하루를 보내게 된 것이다.

학생인권조례는 학생들의 인권에 대한 사회적 관심을 높이는 데 기여를 했다. 하지만 좀 더 깊이 들어가면 학생들의 실질적인 삶의 질을 향상시킬 수는 없었다. '입시지옥'으로 비유되는 치열한 경쟁 속에서 좌절하고 학교 폭력에 멍드는 학생들의 인권은 법조문이 아니라 참된 교육 속에서 진정으로 보호될 수 있다.

믿음, 공존으로 가는 길

인권조례가 학생들에게 어떤 영향을 줄지에 대해서는 아직까지 학부모들 사이에 견해가 엇갈리고 있는 실정이다. 일부 몰지각한 선생님들이 체벌을 빙자한 폭력을 휘두르는 것을 예방할 수 있고 학생들 스스로 권리와 책임에 대해 배울 수 있다는 점에서 인권조례에 찬성하는 학부모들도 많이 있다. 반면 체벌이 사라지면 수업 분위기가 흐트러지고 버릇없는 아이들이 많아지지 않을까 걱정하는 목소리도 있다. 특히 야간 자율학습과 보충학습 선택권으로 인해 아이들이 학교에서 벗어나게 되면 학원에 대한 의존율이 높아져서 결국 학부모의 사교육 부담만 가중될 것이라는 우려의 목소리도 높다.

이처럼 인권조례에 대한 다양한 의견이 있지만 학부모들 역시 이 문제를 푸는 핵심은 '교권'이라고 보고 있다. 인권조례를 통해 학생들의 정당한 권리를 인정해주고 학생들이 자발적으로 교사의 교권을 존중하도록 가르쳐야 한다는 입장이나, 무책임한 조례 내용 때문에 교권이 흔들릴 수 있다는 입장 모두 '교권'이 바로 서야 학교 교육이 바로 선다는 사실을 전제하고 있는 것이다.

학생들의 인권도, 교사들의 교권도 모두 소중하다는 것은 누구나 아는 사실이다. 그런데 지금 우리의 교실에서는 교권과 인권 가운데 어느 하나도 제대로 존중받지 못하고 있다. 그 두 가지가 교실 안에서 평화롭게 공존하는 길은 없을까?

버락 오바마 미국 대통령이 한국 교육에 대해 연일 칭찬한 것이 한동안 화제로 오르내렸다. 우리나라에서는 늘상 문제가 많다고 여기는 교육인데, 호평을 받은 것이 의아하다는 반응이 많았다. 그 배경에는 오바마의 실질적인 교육 분야 참모라 할 수 있는 린다 달링 해먼드 교수가 있었다. 해먼드 교수는 교사 채용의 까다로운 자격요건으로 인해 상위 5% 이내의 고급 인력 중에서 선발되는 우리나라 교사들의 수준에 감탄했다. 또한 전체 비율의 70%만이 전공자인 미국의 수학 교사들에 비해 수학 교사의 95%가 전공자로 이루어져 있는 우리나라 교사들의 전문성을 높이 평가하기도 했다. 이처럼 훌륭한 능력을 지닌 교사들이 좌절감에 빠져 열의를 잃게 내버려둔다면 우리의 교육은 돌이킬 수 없게 될 것이다.

교권은 교사들만을 위한 기득권이 아니라 우리 교육계를 이끌어가는 원동력이다. 교권과 인권을 모두 회복하기 위한 유일한 해결 방안은 교사 스스로 체벌을 그만두고, 학생들과의 관계에서 신뢰를 회복하는 것이다.

변화를 위해 교사들에게 가장 필요한 것은 믿음이다. 학생들을 통제하지 않으면 교육이 제대로 되지 않으리라는 불안함 때문에 쉽사리 매를 내려놓지 못하고 있는 수많은 선생님들이 자기 자신과 학생에 대한 믿음을 회복하는 순간 교실의 변화는 시작된다.

누구를 위한
체벌인가

"지금 대한민국 교육계가 많이 달라지고 있죠? 매를 들지 않기, 체벌하지 않기. 이런 변화가 저에게는 강한 압박으로 다가옵니다. 이십 년 넘게 계속 체벌을 해오고 있는데, 향후에 제가 어떻게 교직 생활을 해 나갈까 두렵기도 합니다. 체벌이 아닌 다른 방법으로 애들을 집중시킬 방법이 있는 건지 배우기 위해서 문을 두드리게 됐습니다."

– 박성식 선생님(남, 고등학교 수학 교사)

박성식 선생님은 23년 경력의 베테랑 수학 교사다. 선생님은 늘 자신이 전통마당놀이의 배우라는 생각으로 수업에 임한다. 설명하는 내용의 중요도에 따라 연기하듯 수시로 목소리의 높낮이를 바꾸고, 마당놀이에서 관객을 공연에 참여시키는 것처럼 아이들에게 수시로 질문을 던져 수업으로 이끈다. 때때로 수학자나 수학공식을 빗대는 유머러스한 비유에 아이들이 와하하 웃음을 터뜨리기도 한다. 그때마다 함께 웃으며 교실 전체를 한 바퀴 휘 둘러보는 선생님에게서 연륜과 여유가 느껴진다. 딱딱하다고 여겨지기 쉬운 수학 수업에 그야말로 활기가 넘쳐난다.

처음 선생님의 수업 영상을 본 전문가들은 "수학 수업이 어떻게 이렇게 리드미컬할 수가 있죠? 어느 장면을 봐도 수업을 정말 잘하십니다"라며 감탄을 쏟아냈다. 이 수업에 굳이 다른 솔루션이 필요한지 의문이 들 정도라고 했다.

하지만 선생님은 수업을 하면서 괴로운 마음이 컸다. 아이들을 가르치기 위해 매를 사용한다는 것이 문제였다. 박성식 선생님의 교탁에는 나무막대기에 검은 테이프를 감아 만든 매가 놓여 있었다. 수능시험을 앞두고 흐트러지는 아이들을 다잡기 위해, 머리가 다 큰 고등학생들에게 선생님은 매를 들었다. 오랜 교직생활 동안 매는 선생님의 분신이나 다름없었다. 엇비슷한 길이로 만든 매를 대여섯 개나 마련해 두고, 교내 어디를 가나 늘 매를 가지고 다녔다.

그러나 선생님은 이제 바뀌지 않으면 안 되겠다고 결심했다. 매를 자주 들었던 만큼 교육 현장에서 체벌이 없어지는 추세를 민감하게 느끼고 있던 터였다. 불안감은 날마다 커져갔다. 과연 매를 버리고도 아이들을 제대로 지도할 수 있을까? 선생님은 복잡한 심경으로 23년 만에 처음으로 자신의 수업을 카메라 앞에 공개했다.

체벌을 사용한 강압적인 학생 통제

수업 시작을 알리는 종이 울렸다. 교실로 향하던 선생님이 아직 교실에 들어가지 않은 아이들을 발견했다. 그냥 넘어갈 리 없었다. "거기 서라!" 아이들은 잔뜩 굳은 표정으로 복도 한쪽에 줄지어 서서 손바닥을 맞았다. 매가 매서운지 손바닥을 맞을 때마다 여학생이 자기도 모르게 무릎을 굽혔다 폈다 하며 발을 동동 굴렀다.

수학 수업 시간. 여느 때처럼 선생님의 열정적인 강의가 펼쳐졌다. 아이들은 한마디라도 놓칠까 선생님의 말에 귀를 기울였다. 휘이이익―. 선생님이 난데없이 휘파람을 불었다. 길고 높은 음으로 휘파람을 내부는 솜씨가 마치 서부영화에 나오는 보안관처럼 능숙하다. 바람을 가르는 휘파람 소리를 따라 아이들은 일제히 선생님의 눈길이 향한 곳을 확인하느라 바빴다.

"성민아, 어디 보지? 카메라 처음 봐! 이리 나와라."

촬영 중인 카메라를 쳐다보느라 잠시 한눈을 판 아이가 지목되었다. 칠판 앞으로 불려나간 아이는 수업에 집중하지 않은 벌로 손바닥 다섯 대를 맞았다. 휘파람 소리에 잔뜩 긴장했던 다른 아이들은 이 상황이 재미있다는 듯이 킥킥대며 웃었다.

"수업에 집중하지 않으면 단번에 심장에 휘파람이 꽂힌다는 걸 알아야 됩니다! 집중! 집중! 딴생각하면 안 돼. 자, 다시!"

⋮ 23년을 한몸처럼 함께했던 '회초리'. 회초리를 내려놓기 위한 선생님의 도전이 시작되었다.

선생님이 아이들을 집중시킨 뒤, 팽팽한 긴장 속에 수업을 이어갔다. 잠시 뒤 휘파람 소리가 또 들렸다. 이번엔 깜박 졸다가 걸린 아이였다. 자주 있는 일인 듯 아이는 아예 손바닥을 위로 향해 든 채 걸어 나왔다. 탁탁탁탁탁. 손바닥을 때리는 소리가 꽤 컸지만 자리에 앉아 있는 아이들은 아까와 같이 익숙하게 웃어 넘겼다.

한 시간이 채 안 되는 수업 시간 동안 휘파람 소리는 여러 차례 울렸다. 휘파람–체벌–집중력 요구. 3단계의 과정이 수업 내내 반복되었다. 덕분에 수업은 긴장감 속에 요동치듯 흘러갔다.

과도한 긴장을 유발하는 지도 방식

아이들에게 박성식 선생님은 이 학교가 문을 연 이래 가장 무서운 네 명의 선생님을 가리키는 '4대천왕' 중 한 명으로 통한다. 수업 시간엔 물론이고 평소 복장이나 두발 지도에 있어서도 전교에서 가장 깐깐하게 규율하는 것으로 유명하다. 선생님은 쉬는 시간이나 점심 시간이라도 책상에 엎드려 자고 있는 학생을 보면 어김없이 깨운다. 밤늦게까지 깨어 있다가 막상 학교에 와서는 잠을 자는 나쁜 습관을 바로잡아주기 위해서다. 물론 강력한 체벌을 통해서다.

"무한등비급수가 아닌 그냥 무한급수 계산할 때에 제일 먼저 해야 될 일이 있었지? 15번, 대답해 봐라."

"……."

자신의 출석번호가 불린 아이는 긴장한 기색이 역력한 표정으로 우물쭈물할 뿐 제대로 대답을 하지 못했다. 뒷자리에 앉아 있는 아이들에게도 연달아 같은 질문이 이어졌다. 선생님의 기습질문이 계속될수록 아이들의 표정이 눈에 띄게 굳어졌다. 맨 처음 불렸던 아이가 뒤늦게 답이 생각난 듯 아쉬워했지만 선생님은 기다려주지 않았다. 숨 막히는 긴장감이 교실을 가득 채웠다.

선생님은 잠시 판서를 하는가 싶더니 아이들을 향해 돌아서자마자 또 기습질문을 던졌다. 칠판에는 선생님이 의도적으로 잘못 적은 부분이 포함되어 있으니 찾아내라는 것이었다. 판서를 하는 잠깐 동안에라도 아이들이 집중하지 않고 있을까 봐 개발한 방법이다. 선생님은 다시 출석번호 하나를 골라 불렀다. 교실은 또다시 긴장 속에 놓였다.

수업이 끝나자 여러 명의 아이들이 줄지어 칠판 앞으로 나갔다. 기습질문에 대답하지 못하면 5대, 수업에 집중하지 않은 탓에 자신이 받은 질문이 무엇인지조차 모르면 10대다. 선생님이 첫 수업 시간에 예고했던 체벌 기준대로다. 맞을 순서를 기다리는 아이들 외에는 쉬는 시간에 교실 앞쪽에서 벌어지는 일에 관심을 두는 아이는 없었다.

체벌 장면이 담긴 영상을 본 박성식 선생님의 표정이 어두워졌다. 선생님은 아이들을 수업에 적극적으로 참여시키는 것도 좋지만, 생각했던 것보다 아이들을 너무 많이 잡는 것 같다고 말했다. 선생님 스스로도 느꼈듯 무작위로 호명해 즉시 답을 요구하는 수업 분위기는 학생들에게 커다란 스트레스로 작용하고 있었다.

질문에 답을 하려면 생각할 시간이 필요한데, 박성식 선생님의 수업에서는 즉시 대답하지 못하면 기회가 사라지고 만다. 기습질문이 시작되자 아이들은 생각을 발전시키기보다 선생님의 질문에 대답하기에 급급했다. 지목을 받고 대답을 못했던 아이들은 평소에 알고 있던 것도 갑작스레 질문을 받으면 머릿속이 하얘지는 기분이 든다고 말했다. 집중력을 발휘하기 시작하는 시점에서는 긴장감이 분명 도움이 될 수 있지만, 장시간 동안 지속되는 과도한 긴장감은 오히려 집중력을 저해하여 공부에 독이 될 뿐이다. 집중력을 위해 조성한 긴장감이 자칫 학습 능률을 떨어뜨리는 역효과를 낳을 수도 있는 것이다.

전문가들은 선생님에게 체벌을 당하는 아이보다 제자리에 앉아 그 장면을 지켜보는 아이들을 관찰해볼 것을 주문했다.

"친구가 맞고 있는데 다른 친구들은 왜 웃을까요?" 전문가의 질문에 선생님이 멈칫했다. 친구가 질문에 대답하지 못하고 곤혹스러운 표정을 짓거나 손바닥을 맞을 때마다 교실에선 어김없이 아이들의 웃음이 터져 나왔다. 그동안 수업 시간에 체벌이 행해질 때마다 아이들은 매번 웃었을 것이다. 동일한 상황을 수백 번 수천 번 반복해서 겪어왔지만, 선생님은 한 번도 그 웃음소리를 의아하게 여기지 않았다.

전문가들은 아이들이 웃는 이유를 그 순간이 수업 중 유일하게 긴장이 해소되는 시점이기 때문이라고 해석했다. 친구가 체벌을 당하는 순간만큼은 나의 이름이 불릴 일도 없고, 내가 맞을 일도 일어나지 않는다는 사실에서 오는 일종의 안도감의 표현이라는 것이다. 수업을 받는 아이들이 얼마나 극도의 긴장감에 시달리는지 알 수 있는 모습이었다.

선생님은 체벌을 통해 여러 사람이 함께하는 수업에 나 하나로 인해 피해가 생기지 않도록 하는 배려를 가르치고 싶었다. 그러나 의도치 않게 다른 사람의 고통에 안심하며 즐거워하게 만드는 결과를 낳고 말았다. 교육적으로도 과연 바람직한지 의심이 들었다. 선생님은 아이들에 대한 미안함으로 한숨을 지었다.

맞는 사람도, 때린 사람도 아프다

체벌을 하는 교사나 맞는 학생이나 마음이 불편하고 부담스럽기는 마찬가지다. 박성식 선생님 역시 아이들이 매를 맞고 파르르 떠는 것을 볼 때면 마음이 무척 괴롭다고 털어놓았다. 매를 맞고 자리로 돌아가는 학생에게서 묘한 한숨소리가 들려올 때에는 '오늘은 때리면 안 되는 날인데 때렸구나' 하는 생각에 후회가 밀려오기도 했다. 그런 날은 악몽을 꾸곤 했다. 학교에서 매를 맞은 학생이 반대로 자신을 때리는 꿈이었다. 선생님은 수업을 시작할 때에 학생들의 인사를 받지 않았다. 금세 매를 들 게 뻔한데 학생들에게 도저히 웃으면서 인사를 건넬 자신이 없었다.

매를 맞는 학생보다 체벌을 가하는 선생님이 오히려 더 가슴 아파하고 힘들어하는 형국이었다. 박성식 선생님은 누구보다도 매를 내려놓고 싶었다. 그러나 한편으로는 자신이 괴롭다고 체벌하지 않는 것은 교사로서의 직무유기라는 생각이 들었다. 아무리 힘들어도 수업 시간에 딴생각을 하거나 멍하니 있는 학생을 보고도 못 본 체할 수는 없었다. 박성식 선생님 반의 급훈은 '생각 · 집중 · 몰입'이다. 입시를 준비하는 고3 학생들이 공부에만 집중할 수 있도록 선생님 자신이 한시도 긴장의 끈을 놓지 않았다. 한 명의 낙오자도 없이 모든 학생을 껴안고 목표한 바에 이르기까지 선생님에겐 도구가 반드시 필요했다. 체벌 말고는 다른 도구가 없으니 선생님도 답답할 따름이었다. 어쩔 수 없이 체벌은 계속되었다. 박성식 선생님의 고민 또한 깊어갔다.

"매를 들 때마다 남모르게 마음이 아팠습니다. 그것이 사랑의 매라고 변명하고 싶지는 않습니다. 그러나 매가 아니면 무엇으로 가르쳐야 할지, 막막할 뿐입니다."

매를 내려놓은 자리에
싹트는 변화

강압적인 통제를 버리는 연습

전문가들이 회의 끝에 결정한 첫 번째 미션을 박성식 선생님에게 전달했다. 변화를 향한 첫걸음을 성공적으로 만들기 위해 꼭 필요한 우선 과제들이었다.

1차 미션

1. 꽃으로도 때리지 않기

    – 학생들을 더 이상 때리지 않고 가르칠 방법을 찾고 싶다면 지금 당장 체벌을 중단할 것.

2. 가족여행 가기

　－학교와 학생들에게 집중하느라 잃어버린 마음의 여유를 되찾기
위해 가족여행을 다녀올 것.

체벌을 없애기 위해 가장 먼저 할 일은 무슨 일이 있어도 아이들을 때
리지 않는 것. 미션에 담긴 제작진의 의도는 충분히 알지만, 오랜 시간
동안 몸에 밴 방식을 한 번에 바꿀 수 있을까 걱정이 되었다. 더구나 체
벌을 대신할 다른 도구가 마련되지도 않았는데 우선 매부터 거두라니.
당장 몇 시간 뒤에 시작될 수업을 잘 진행할 수 있을지 걱정이 앞섰다.

박성식 선생님은 20년이 넘는 교직생활 중 처음으로 매를 사용하지
않고 수업을 진행했다. 매는 여전히 교탁 위에 놓여 있었지만 교실에서
는 더 이상 매 맞는 소리가 들리지 않았다. 그러나 교실이 조용해진 것
과 반대로, 선생님은 안간힘을 다해 치열하게 자신과 싸우고 있었다.
수업 중에 매를 버리는 일은 마음처럼 쉽지가 않았다.

마침 담임을 맡고 있는 반에서 수업 도중 집중을 못하고 딴짓을 하는
학생이 선생님의 눈에 띄었다. 습관대로 휘파람이 먼저 나왔다. 늘 그
랬듯 아이들의 시선도 휘파람 소리가 향한 곳으로 모였다. 이전 같으면
절대로 그냥 넘어갈 수 없는 일이다. 두말할 것 없이 앞으로 나오게 해
손바닥을 때렸을 것이다. 그런데 지적을 당한 학생의 반응이 달라졌다.
"졸지는 않았어요"라며 넉살 좋게 웃는다. 옆의 아이들도 선생님의 눈
치를 보며 슬쩍 따라 웃는다. 매를 때리던 때와 비교해 아이들의 표정
이 훨씬 편안해진 것이 느껴진다. 교실에서 오직 한 명, 선생님만 속이

부글부글 끓는다. 당장이라도 교탁 위에 있는 매를 들고 싶지만 한 번 더 꾹 참는다.

급기야 다른 반에서는 선생님의 수업 시간에 엎드려 자는 학생까지 생겼다. 교직생활 중 처음 겪는 일이었다. 어이가 없고 화도 났지만 그 순간에 매를 들지 않으려 최선을 다해 참았다. 이러다 도전에 성공하지 못하고 곧 한계에 다다를 것만 같아 불안한 마음도 들었다.

<선생님의 미션 일지>

스타일을 한 번에 바꾸려니까 장난이 아니다. 요즘이 제일 고통스럽다.

조는 녀석을 집중시키는 법을 모르겠다.

아직은 잘 참고 있다. 그러나 두려움이 있다.

아이들은 이미 선생님이 겪고 있는 심경의 변화를 눈치 채고 있었다. 수업이 끝난 뒤 청한 인터뷰에서 아이들은 하나같이 선생님이 요즘 무척 힘들어 보인다고 말했다.

두 번째 과제 수행일. 가족여행을 떠나기로 한 토요일 오전에도 선생님은 학교에 있었다. 휴일이지만 학교에서 공부하고 있는 학생들을 챙기기 위해 출근한 것이다. 학생들의 얼굴을 보고 난 뒤에야 선생님은 집으로 돌아와서 여행 준비를 서둘렀다. 가족끼리 멀리 가는 여행이 꽤 오랜만이다. 그동안 선생님의 관심은 온통 학생들에게 쏠려 있었다.

한적한 지리산 자락에서 잠시 일상에서 벗어나 가족들과 함께 즐거운 시간을 보내는가 싶더니, 도착한 지 얼마 안 돼 선생님의 휴대전화가 울렸다. 주말 자율학습에 빠지는 것을 허락받기 위한 전화였다. 수시로 걸려오는 전화를 받으면서 학생들을 일일이 체크하느라 여행을 떠나서도 제대로 쉬지 못하는 모습이었다.

몸은 떠나 왔지만, 이미 마음은 학교에 가 있는 선생님. 매를 내려놓는 것만큼이나 학생들에 대한 통제를 느슨하게 하는 일 역시 쉽지 않아 보였다. 미션을 지키고는 있지만, 마음은 계속 제자리걸음이었다. 여유를 가지라는 미션의 목적과는 반대로 선생님의 발걸음이 더욱 무거워 보였다.

잘 가르치는 것 ≠ 효과적인 통제

박성식 선생님이 이토록 힘들어하는 이유는 무엇일까? 선생님에게 잘 가르친다는 것은 효과적으로 통제한다는 말과 같다. 두려움을 기반으로 하는 이런 교육 방식은 통제의 기재로 힘을 사용한다. 따라서 힘이 사라지는 순간 원위치로 되돌아간다는 것을 선생님은 누구보다 잘 알고 있었다. '긴장'이라는 수단을 통해서 물샐 틈 없이 철저하게 관리

되던 학생들이 조금씩 통제에서 벗어나고 있다는 것을 느끼는 순간 불안해질 수밖에 없었다.

선생님은 학생들의 안전한 학교생활을 위해 일방적이더라도 강력한 통제가 필요하다고 생각했다. 언젠가 복도에서 장난을 치며 뛰던 학생이 넘어져서 앞니가 깨지는 사고가 일어났다. 교내에서 좀처럼 일어나지 않는 큰 사고였다. 선생님은 그 장면을 목격했지만 멀리 떨어져 있어 미처 제어하지 못했고, 졸업 후 만난 그 학생의 얼굴이 여전히 엉망인 것을 보니 무척 괴로웠다.

워낙 책임감이 강한 탓에 학생들 모두가 완벽하게 통제되어야만 교사의 의무를 다하는 것처럼 느껴졌다. 한 명 한 명을 일일이 챙기려다 보니 학생들이 스스로 결정할 수 있도록 허용해줄 여유가 없었다. 선생님이 최선을 다하는 만큼 학생들에게도 엄격한 기준을 적용했고, 그럴수록 학생들과의 관계는 점점 더 경직되어갔다.

"두려워요. 가까이 가면 다 책임져야 할 것 같아요. 진짜로 무섭습니다. '울 아버지 싫어요'라고 얘기하면 저는 뭐라고 대답해야 하죠? 무섭습니다. '선생님, 저 남자친구랑 헤어졌어요'라고 하면 저는 뭐라고 대답해야 하죠?"

박성식 선생님은 학생들에 대한 강한 책임감과 함께 학생들을 제대로 돌보지 못하는 데 따르는 두려움을 동시에 가지고 있었다. 학생들에게 무서운 선생님으로 낙인 찍히더라도 학생들을 보호하기 위해서는 반드시 강한 통제가 필요하다고 믿었고, 끊임없이 학생들을 감독하고 규율을 지키도록 강요했다. 정작 선생님 스스로도 어깨를 짓누르는 무거운 책임감 때문에 지치고 힘들었지만 내색하지 않았다. 전문가들은 선생님의 모습이 마치 가부장적인 아버지가 가족을 부양해야 하는 의무감으로 홀로 힘들어하는 것과 꼭 닮았다고 말했다.

무엇보다 미션을 수행하면서 선생님의 장점인 수업에서의 활력이 사라진 것이 가장 큰 문제였다. 교실 안의 분위기를 좌지우지하며 활기차게 수업하던 선생님의 목소리에는 힘이 빠졌고, 몸짓도 작아졌다. 교실 안의 모든 학생들을 단번에 집중시키기 어렵다는 생각에 점점 자신감이 사라졌다. 선생님이 흔들리자 학생들도 동요하기 시작했다. 차라리 선생님이 예전으로 돌아가 매를 들어도 좋으니, 자신들이 공부에 집중할 수 있도록 도와줬으면 좋겠다는 학생도 생겨났다.

박성식 선생님이 애초에 두려워했던 학생들의 통제 문제가 수면 위로 떠오른 것이다. 두려움을 원천으로 해서 팽팽한 긴장감으로 유지되었던 수업이 긴장감이 없는 채로 진행되다 보니 선생님과 학생 양쪽 모두 맥이 빠지는 것은 당연했다. 선생님의 수업에서 되찾아야 할 것은 체벌이 아니라, 학생들의 집중력을 높이는 긍정적인 의미의 긴장이었다. 이를 위해서는 예전과는 다른 수업 방식이 필요했다. 하지만 그보다 먼저 해결해야 할 문제가 있었다. 바로 학생들에 대한 선생님의 관점을 바꾸는 문제였다.

박성식 선생님은 미션을 수행하기 위해 누구보다 성실하게 노력했다. 참기 힘들 만큼 화가 나도 체벌을 하지 않겠다는 약속을 충실히 지켰다. 하지만 전문가들은 아직도 선생님에게 버릴 것과 바꿀 것이 있다고 했다. 대체 무엇을 더 버리고, 무엇을 더 바꾸라는 것인지 선생님은 그저 답답할 뿐이었다.

마음의 매를 내려놓을 때

2차 미션

1. 들고 다니는 매 버리기
2. 화분에 꽃 키우기

한 달간 매를 사용하지 않는 습관을 들였으니, 이제 매를 아예 버리라는 미션이 주어졌다. 학생들과 카메라 앞에서 교실 쓰레기통에 매를 버리는 선생님의 표정이 복잡했다. 무언가 탐탁치 않은 눈치였다.

매가 있으면서 때리지 않는 것과 매를 아예 치워버리는 것엔 큰 차이가 있었다. 교직 생활 내내 함께했던 매가 사라지자, 1차 미션 때부터 지속된 불안감은 더 강해졌다. 물리적인 체벌을 하지 않으려다 보니 선생님은 자신도 모르는 사이 학생들에게 잔소리가 늘었다. 예전과 달리 감정을 억누르지 못하고 아픈 말을 내뱉는 바람에 학생들의 마음에 상처를 주기도 했다. 말하고 나면 후회가 되면서도 자꾸만 같은 일이 반복됐다. 선생님의 마음속에는 아직도 '날카로운 매'가 자리 잡고 있었다.

화분에 꽃을 키우라는 미션도 영 내키지 않았다. 대체 무슨 목적으로 이런 미션을 준 것인지 짐작조차 할 수 없었다. 선생님은 식물을 키우는 것을 싫어한다면서 미션 수행을 극구 거부했다. 혹시라도 자신이 잘못해서 그 식물을 죽이지나 않을까 하는 두려움 때문에 선생님은 식물을 피했던 것이다. 아니나 다를까, 박성식 선생님에게 주어진 꽃은 금방 시들어버리고 말았다. 햇빛도 적당히 쬐어주고 가끔 비도 맞혔는데 잘 돌보겠다는 욕심에 너무 자주 물을 준 것이 화근이었다면서 선생님은 속상해했다.

전문가들에게 체벌에 대한 오랜 고민을 털어놓았을 때에는 뭔가 답을 줄 것이라는 기대가 있었다. 그런데 난데없이 화분이나 보내고, 수업은 길을 잃고 아이들과의 관계도 달라진 것이 없는 것 같다. 오히려 아이들도 덜 행복해보이고 자신도 덜 행복해진 것 같다. 선생님은 조바심이 들었다.

더 이상의 변화가 어렵다고 판단되는 상황. 전문가들은 중간점검을 열어 선생님을 만났다. 먼저 말문을 연 것은 전문가들이었다.

> 전문가 : 미션을 바꿔 달라는 선생님의 요구를 받아들이지 않고 왜 화분을 길러 보시라고 했는지 그 이유를 아시겠습니까?
>
> 선생님 : 통 모르겠습니다. 화분을 받으면서도 생각했습니다. 내가 이 꽃의 특성을 잘 알까. 특성을 잘 모르고 키우면 생명을 하나 없애는 것인데…. 결국은 물을 너무 자주 줘서 꽃을 시들게 했죠.
>
> 전문가 : 애들도 똑같이 얘기를 해요. '모른다고 때려요', '무조건 때려요' 이런 말을 합니다. 그 아이들이나, 모르고 물을 줘서 상처받고 상해가는 꽃이나 뭐가 다를까요?

선생님이 꽃을 사랑해서 자주 물을 주어 꽃이 시들었듯이, 학생들을 사랑해서 행한 체벌 또한 마찬가지 결과를 가져올 수 있다는 말이었다. 전문가들의 말을 묵묵히 듣고 있던 선생님의 눈빛이 흔들렸다. 둘 다 사랑이되 대상의 특성을 제대로 알지 못해서, 표현하는 방법이 잘못되어서 자칫 대상을 망칠 수도 있는 사랑이었다.

선생님은 학생들을 일일이 간섭하고 챙겨줘야 하는 존재로만 바라봤던 자신의 오래된 관점을 이제야말로 바꿀 수 있을 것 같았다. 누구보다 학생들을 사랑하는 박성식 선생님은 마음속에 품고 있던 '매'를 완전하게 내려놓을 준비를 마쳤다.

있는 그대로의 모습을 인정하자

마지막 미션은 백지 상태로 전달되었다. 마음으로부터 매를 내려놓았다면, 이제 필요한 것을 선생님이 직접 정해서 실천하도록 한 것이다. 한참을 고민하던 선생님이 정한 미션은 '만나는 학생 하나하나에게 좋은 말·칭찬하기'였다. 써 놓고 보니 칭찬보다는 인정이라는 표현이 더 어울리는 것 같다고 했다. 학생들의 모습을 있는 그대로 인정하고 가까이 다가가겠다는 선생님의 다짐이 엿보였다. 진정한 변화의 시작이었다.

3차 미션
· 만나는 학생 하나하나에게 좋은 말·칭찬하기

수업 시간이 한참 지났는데 교실에 들어가지 않고 복도를 서성이던 학생들이 박성식 선생님과 마주쳤다. 그 유명한 호랑이 선생님에게 걸렸으니 학생들의 얼굴에 당황한 기색이 역력했다. 그런데 선생님은 학생들에게 뜻밖의 말을 건넸다.

"선생님은 이 친구도 열심히 할 수 있고, 저 친구도 열심히 할 수 있고 다 잘할 수 있다고 믿어. 나의 믿음을 깨지 않겠다면 악수 한번 하자! 됐다, 가거라!"

매서운 매 대신 뜬금없이 악수를 청하는 선생님의 손을 맞잡으며 여학생들은 쑥스러워하면서도 기분이 좋았다. 선생님은 매일 아침 자율학습 시간마다 아이들의 표정을 살피는 것으로 하루를 시작했다.

유난히 표정이 어둡거나 며칠째 컨디션이 안 좋아 보이면 따로 불러서 "요즘 공부가 잘 안 돼? 괜찮아?"라며 어깨를 다독였다. 아이들은 선생님에게 고민을 털어 놓고 나서도 대부분 평소의 모습으로 금세 돌아오곤 했다. 간혹 아이들이 잘못을 저질러도 선생님은 "한 번만 더 믿자!"를 입에 달고 살았다. 아이들의 일상을 일일이 간섭하기보다는 먼저 다가가 관심을 보이려 노력했다.

사실 박성식 선생님은 아이들에게 인기가 좋은 교사였다. 담임을 맡아 1년을 함께 보내고 나면 아이들은 선생님을 '아버지'라고 불렀다. 그렇지만 무서워서 선뜻 다가가기는 부담스러웠다. 선생님의 태도가 변하자, 아이들은 기다렸다는 듯이 적극적으로 애정을 표현했다. 2학기가 되어 선택과목이 달라져 선생님의 수업을 못 듣게 된 여학생은 아쉬움과 고마움을 쪽지에 써서 전했다. 남학생 한 명은 카메라에 대고 이렇게 고백했다.

"애들이 저마다 가지고 있는 고민이 있잖아요. 근데 선생님께서는 그걸 아시는 경우가 많아요. 애들을 많이 살피려고 하시고 관심을 가지고 바라보시니까요. 저 같은 경우에도 제가 공부가 잘 안 될 때 선생님이 오셔서 격려의 말씀을 해주셨거든요. 그런 게 참 많이 도움이 되었어요."

체벌을 하지 않겠다는 미션을 수행하는 동안 선생님은 지칠 때도 있었다. 매로 다스려서 따끔하게 혼낼 일을 보고도 그냥 넘길 때가 가장 괴로웠다. 체벌을 하지 않아야 된다는 핑계로 바로잡아줘야 할 것들을 무의식적으로 피하는 것은 아닌가 하는 자책감도 들었다. 선생님은 이런 감정과 고민을 솔직하게 아이들에게 털어 놓았다. 그러자 힘들어하는 선생님을 위해 놀랍게도 아이들이 먼저 다가와 다독이기 시작했다.

"선생님, 저희들이 자고 이러면, 뒤에 나가서 '앉았다 일어났다'도 시키고 '팔굽혀펴기'도 시키세요. 저희도 그 정도는 할 수 있어요."
"오랫동안 해오신 걸 바꾸려고 하시는 거잖아요. 저 같아도 많이 힘들 것 같아요. 힘내세요."

예상치 못했던 아이들의 반응에 선생님은 힘이 났다. 선생님은 그것 또한 다른 방식의 체벌이라며 제안을 거절했지만, 아이들에게 자신의 진심이 통하고 있는 것 같아 고마움을 느꼈다. 학생들을 보호하기 위해서 꼭 필요한 도구라고 믿었던 '매'를 내려놓은 선생님을, 이제 어린 학생들이 지켜주기 시작했다. 체벌이 있었을 때에도, 체벌이 사라진 뒤에도 학생들에 대한 선생님의 변함없는 애정이 있었기에 가능한 변화였다. 아이들은 선생님의 사랑과 진심을 진작부터 알고 있었던 것만 같았다.

아이들은 믿음으로
가장 행복한 존재가 된다

긴장 대신 활력을 불어 넣는 수업

'어떻게 하면 좋은 수학 선생님이 될 수 있을까. 어떻게 하면 수학이 재미있게 느껴질까.'

이는 수학 교사로서 박성식 선생님의 가장 큰 고민이었다. 그렇지만 우리나라 교육 현실에서 고3 담임을 맡은 교사가 수업에서 재미만 찾을 수는 없는 노릇이다. 시험 성적이 잘 나와야 한다는 압박감은 늘 존재한다. 선생님은 지금까지 아이들의 수학 성적을 올리는 것을 목표로 수업을 해왔다.

선생님은 체벌 없이도 학생들이 수업에 집중할 수 있는 기재를 찾기를 원했다. 전문가들은 이제 선생님이 마음의 준비를 마쳤으니, 구체적인 도움을 줄 단계라 판단하고 '수업 코칭'을 제안했다. 전문가들은 박성식 선생님과 마찬가지로 고3 학생들에게 수학을 가르치는 최수일 선생님의 수업을 추천했다.

최수일 선생님은 교탁에 서서 수업을 시작하지 않았다. 풀이법이 여러 가지인 수학 문제를 받은 학생들은 10분간 혼자 힘으로 문제를 풀기 위해 애를 쓴다. 그 시간이 지나면 선생님이나 친구들에게 물어보면서 답을 찾아간다. 문제를 푼 학생은 나와서 자신의 풀이법을 친구들에게 설명하고, 때로는 친구들로부터 질문을 받아 추가 설명을 하기도 한다. 선생님은 그저 막힌 부분을 해결할 수 있도록 도움을 주는 역할을 할 뿐이다.

아이들의 방식이 틀릴까 봐 불안할 법도 한데 최수일 선생님은 어떻게 이런 수업을 실천하고 있는 것일까. 참관수업이 끝난 뒤 박성식 선생님과의 자리가 마련됐다.

"제가 개입하는 것이 애들한테 득이 될까, 안 될까를 항상 판단합니다. 제가 개입하는 순간 아이들은 자신들의 생각을 포기해버려요. 교사가 가르치는 것이 꼭 정답은 아닙니다. 어떻게 하면 아이들이 스스로 할 수 있게 만들까를 고민하지요."

– 최수일 선생님

최수일 선생님이 전통적인 수업 방식을 버리고 사고력 위주의 수업을 선택하게 된 데에는 계기가 있었다. 강연을 들으러 온 300명의 학생들에게 수학 문제를 주고 풀어보게 한 적이 있는데, 한 문제에 답이 10가지도 넘게 나와 놀랐다는 것이다. 책에는 답이 26만 원이라고 쓰여 있었지만, 나중에 곰곰이 생각하니 타당하지가 않았다. 학생들의 설명을 자세히 살펴보니 놀랄 만한 설명들이 무척 많았다. 그때부터 학생들끼리도 스스로 얼마든지 해낼 수 있으리라는 믿음을 갖게 되었다.

학생들이 스스로 뭔가를 해볼 수 있도록, 직접 가르치기보다는 이끌어줄 수 있는 교사가 되는 것. 이것이 최수일 선생님이 가진 답이었다. 남은 것은 이 방법이 박성식 선생님에게도 과연 정답이 될 수 있을지 실험해보는 것뿐이었다.

활기가 샘솟는 교실

박성식 선생님의 수업 시간에 놀라운 변화가 벌어졌다. 수업 중에 잠시 서랍을 뒤적이거나 가방에서 노트를 꺼내기만 해도 집중하지 않는다면서 손바닥을 때리던 모습과는 사뭇 달라졌다. 칠판만 보던 아이들이 서로 상의해가며 답을 찾아가고, 무섭다던 선생님에게 스스럼없이 다가와 질문을 했다. 선생님은 도움을 청하는 아이들에게 다가가 눈높이를 맞추고 필요한 설명을 해주었다.

칠판의 주인은 더 이상 선생님이 아니었다. 동규가 지휘봉을 들고 칠판에 적은 자신의 풀이 방법을 설명하자, 아이들은 누가 뭐랄 것도 없이 어느 때보다 진지한 태도로 경청했다. 발표자를 향해 질문도 많아졌다. 잘못된 부분은 학생들끼리 의견을 주고받으며 조금씩 고쳐나갔다. 선생님은 아이들의 설명을 잘 듣고 있다가 틀에서 너무 벗어나지 않도록 간간이 도움을 줄 뿐이었다.

수업의 주도권이 선생님에서 학생에게로 넘어가자 교실에는 전에 없던 활기가 넘쳤다. 누군가 시켜서 하는 수동적인 공부가 아니라 자발적인 공부를 하기 시작했다는 증거였다. 수업이 끝나고 선생님이 교실을 떠나도 학생들은 칠판 앞에 서서 다른 친구의 풀이를 보며 질문하거나 토론하는 것을 멈추지 않았다. 예전과 같은 긴장이 없음에도 수업에 대한 집중력은 오히려 더 높아졌다.

선생님에 대한 두려움이 사라지자 보다 적극적인 태도를 보이는 학생들도 눈에 띄었다. 수업이 끝나 나가려는 선생님을 붙잡고 질문하거나, 어려운 문제를 만나면 교무실에 직접 찾아가 질문하는 학생들이 많아졌다.

"예전에는 선생님한테 혼날까 봐 잠 깨려고 수학 시간 전에 미리 세수하고 그랬어요. 그런데 요즘에는 수업이 활발한 분위기이다 보니 졸리지도 않고 저절로 공부에 집중하게 되는 것 같아요."

"선생님께서 혼자 하시면 선생님이 아시는 걸 다 말씀해주셔서 좋긴

한데 저희가 이해 안 되는 것도 있을 수 있잖아요. 그런 것들을 개인적으로 다 질문할 수는 없었는데 이렇게 토론하는 게 오히려 편하고 서로 물어가면서 하니까 확실히 알 수가 있어요."

사랑의 매가 아니라 사랑 그 자체로

매를 맞는 학생들에 대한 미안함 때문에 남몰래 가슴 아파했던 박성식 선생님의 도전은 성공적이었다. 선생님은 미션을 적은 종이를 지갑에 넣고 다닐 정도로 단 한 순간도 변화를 위한 노력을 게을리하지 않았다. 선생님은 자신의 변화는 아직 완성되지 않았다고 했다. 그래서 앞으로도 노력은 계속되어야 하지만, 그 덕에 새로운 아이들과의 만남이 기대된다고도 했다. 체벌을 그만둔 뒤 아이들과 대화도 많아졌다. 어깨동무를 한 채 이야기하면서 웃고, 운동장에서 함께 축구도 한다.

학기가 바뀌어 새로 담당하게 된 반에 들어간 선생님은 23번 학생을 호명했다. 예전처럼 기습질문을 하는 대신 선생님은 해당 학생에게 인사를 시켰다. 선생님의 교직 생활을 통틀어서 처음 있는 일이었다.

"원래 수업할 때 인사 한 번도 안 받고 시작했었거든? 왜냐하면 이유는 단 하나야. 이때까지 계속 때렸기 때문에. 학생을 때리면서 어떻게 인사를 받겠어? 너희들하고 이제 처음 인사하는 거야! 회장, 부회

장은 다른 과목 시간에 많이 했으니까 23번부터 시작해서 차례대로 수업 시간마다 인사하도록 하자.”

선생님과 학생 사이에서 기본적인 인사조차 나눌 수 없게 만들었던 ‘체벌’의 벽이 허물어졌다. 차렷, 경례 뒤에 붙일 인사 멘트를 학생들에게 정하라고 하면서 선생님이 슬쩍 ‘사랑해요’가 어떻겠느냐고 묻자 교실이 웃음바다가 되었다. 함께 웃는 선생님의 얼굴에 설렘이 느껴졌다.

박성식 선생님은 교사란 학생들에게 부모와 같은 존재라고 생각했다. 다만 자식에게 어떻게 해줘야 하는지 잘 모르는 서투른 부모이기 때문에 더욱 노력해야 한다고 생각했다. 사랑하는 자식과 같은 제자들이 있기 때문에 선생님은 용기를 내서 학생들을 믿었고, 모험을 감행했다.

변화를 두려워하지 않는 사람은 세상에 없다. 두려움을 극복하고 새로운 변화에 도전하는 것은 삶 자체가 깨어 있다는 반증이기도 하다.

박성식 선생님을 진정한 스승이라 말할 수 있는 이유는 그가 23년 경력의 베테랑 교사여서가 아니라, 제자들을 위해 스스로를 기꺼이 변화시키고자 하는 강한 의지를 보여주었기 때문이었다. 그 점에서 박성식 선생님의 모습은 비단 학생뿐 아니라 수많은 교사들을 위한 교사라 하기에 충분했다.

학생들을 체벌하는 이유는 다양하지만 크게 두 가지로 나뉜다. 생활 태도와 인성을 교정하거나, 효율적인 학습을 위한 통제를 위해서다. 잘못을 교정하기 위해 매를 들면 당장 가시적인 성과는 있을지 몰라도 반드시 부작용이 뒤따른다. 학생들이 자신의 잘못을 교정하는 것보다 벌을 받지 않는 것에 우선순위를 두고 생활하게 되기 때문이다. 학생들의 학업성취도를 높이기 위해 행해지는 체벌은 더욱 정당성을 잃는다. 공부를 못하면 어떤 방식으로든 벌을 받게 되는 분위기에서는 창의적이고 자기주도적인 학습 태도를 가질 수 없다. 혼나지 않으려면 실수하지 않도록 늘 긴장해야 하기 때문에 공부는 피하고 싶은 두려움의 대상으로 전락하고 마는 것이다.

박성식 선생님은 체벌이 교육현장에서 결국엔 사라져야 한다는 생각을 오래 전부터 해왔다. 그래서 지금이 아니라면 절대 매를 버릴 수 없겠다고 생각했다. 그러면서 선생님은 서른 살이 넘었을 첫 제자들에게 미안한 생각이 들었다. 20년이 넘는 교직생활 동안 선생님이 체벌했던 학생들에게 공개적으로 매를 버리겠다는 결심을 말하지 않으면 죄를 짓는 기분이 들 것만 같았다.

"얘들아, 사랑의 매라는 건 없단다. 다만 너희를 향한 관심은 대단했었다. 하지만 도구가 '매'여서 미안했다. 진심으로 미안하고, 후배들한테는 이제 선생님이 매 아닌 다른 방법으로 사랑할 수 있도록 해볼게. 미안하다."

선생님은 매를 내려놓았다. 배움은 원래부터 혼자가 아니라 함께하는 것이다. 아이들에게 가까이 다가가기 위해서, 아이들에 대한 사랑을 제대로 전하기 위해 23년 차 경력의 베테랑 교사는 익숙했던 습관을 버리고 힘겹게 자신과의 싸움을 했다. 하지만 선생님은 혼자만의 외로운 싸움을 하고 있는 것이 아니라 아이들과 함께 발을 맞추어 나아가고 있었다. 선생님의 진심과 믿음으로 다져진 아이들과의 관계는 더욱 강력한 교육의 밑거름이 될 것이다.

: 선생님은 미션 종료 후 누구보다 큰 박수를 받았다. 권위를 내려놓은 베테랑 선생님의 도전은 많은 선생님과 학생들에게 감동을 주었다.

어떻게 해야 메시지를 잘 전달할 수 있을까?
– 좋은 대화를 위한 태도

좋은 대화를 위한 태도

1. 아이 체면을 살려주자.

2. 불필요한 말을 삼가자.

3. 잘못은 인정하고 사과하는 태도를 보이자.

   부모나 교사라도 잘못할 수 있다. 부모나 교사가 한 말에 아이가 상처 입는 걸 뻔히 알면서도 대개 사과하지 않고 모른 척 넘어가는 경우가 많다. '그 원인은 네가 제공했잖아'라는 생각 때문이기도 하고 사과를 자존심의 문제라고 생각하기 때문이기도 하다. 상대가 진심으로 잘못을 사과하면 상호성의 원리에 따라 아이도 자신의 잘못을 돌아보고 사과를 한다. 아이는 이겨야 할 대상이 아니라는 점을 명심하자.

4. 아이에게 명령하거나 지시하기 전에 부모나 교사의 감정을 차분하게 이야기하자.

5. 훈육이 필요한 경우와 대화가 필요한 경우의 선을 정하자.

   늘 친절하려고 애쓸 필요는 없다. 때로는 잘못에 대해 훈육을 하는 어른의 권위도 필요하다.

6. 비교나 지시, 경고한다고 해서 아이가 잘할 것이란 기대는 접자.

   "윗집 00 좀 봐라. 이번에 전교 1등 했다더라"와 같은 비교, "네가 그렇지 뭐. 언제는 잘했니?"와 같이 무시하는 말은 아이에게 불안감을 준다. 불안은 여러가지 행동으로 나타난다. 화로 폭발하기도 하고 우울증으로 이어지기도 한다. 부모나 교사는 아이에게 불안감을 주기 위해서가 아니라 아이가 분발할 것이라는 기대감으로 한 말이지만 그 의도와 다르게 아이에게 상처만 줄 뿐이다.

7. '나 메시지(I-Message)'를 활용하자.

'이렇게 해'라는 말은 상대를 고려하지 않은 일방적 지시다. 나 메시지는 '나는 네가 이렇게 했으면 좋겠어'와 같이 간접적으로 의사를 전달하는 대화법으로 아이에게 결정권을 넘김으로써 스스로의 판단을 존중한다는 의미가 있다.

교육의 행복한 완성을 위해

선생님의 변화 프로젝트 EBS〈선생님이 달라졌어요〉에는 전국 일선 교사들의 다양한 고민과 목소리가 담겨 있다. 다양한 목소리를 듣고 해법을 제시하는 건 쉬운 일이 아니다. 일선 교사들을 대표하는 일곱 선생님들의 교사 경력은 짧게는 2년차부터 많게는 23년차까지 차이가 있었으며 과목도 제각각이었다. 초등학교, 중학교, 고등학교 교사가 고르게 분포되어 있었으며 이 프로그램의 문을 두드린 사연도 저마다 달랐다.

개인적으로 무수하게 노력을 했으나 마음처럼 되지 않아 이제 뒷걸음질치지 않겠다는 비장한 각오로 임한 선생님이 있는가 하면 교사로서의 가치를 잃어버린 것은 아닐까 진지한 고민으로 교사 생활을 돌아보는 분도 있었다. 교육계의 변화에 도움이 될 수 있다면 자신이 먼저 감수해보겠다는 용기 있는 선배 교사의 도전도 있었다.

마음속에 교사라는 뿌리 하나로 한곳에 모인 선생님들은 어느 선생님의 표현처럼 마지막 출사표를 던지는 심정으로 속살과도 같은 수업을 카메라 앞에 솔직하게 공개했고 미션을 수행하는 과정에서 예고 없이 고비는 찾아왔다.

전문가들의 코칭은 생각보다 독했고, 날카로웠다. "계속해서 아이들 탓만 해요", "교실에 교사가 없어요", "교육을 포기하고 학생에 대한 통제를 선택한 것 같아요", "강사 흉내 내려는 것 아닌가요"라는 혹독한 지적에 선생님들은 뜨거운 눈물을 흘리며 담금질을 해야 했다.

사람은 오랫동안 생활하면 자신의 습관에 갇혀 자신의 모습을 제대로 보지 못한다. 교실 안에 갇혀 있던 선생님들은 객관적으로 자신의 수업을 돌아보면서 그동안 무엇을 잃었는지를 서서히 깨달아갔다. 사람은 쉽게 변하지 않는다고 하지만, 선생님들의 노력은 놀라운 변화를 가능하게 했다.

일곱 선생님의 도전을 지켜본 시청자들의 반응도 뜨거웠다. 부모로서, 동료 교사로서, 교육에 관심을 둔 시청자로서 그들은 선생님 한 분한 분의 도전에 공감하고 응원을 보냈다.

"우리 교육도 달라질 수 있다는 희망을 보았다"

일곱 선생님들이 체감하는 변화는 더욱 컸다. 10년 전 가르쳤던 제자가 손 편지를 보내주기도 했고, 졸업한 제자들이 게시판에 우르르 몰려가 선생님에게 폭풍 같은 응원과 사랑의 메시지를 보내기도 했다. 방송

후 눈에 띄는 성과도 있었다. 선생님의 변화가 아이들의 놀라운 변화로 나타난 것이다.

다양한 고민을 안고 찾아온 선생님들에게 전문가들이 일관되게 제시한 건 딱 하나, 바로 아이와의 관계다. 좋은 수업은 기술이 아니라 관계이며 좋은 수업에는 배움이 있어야 한다는 것. 배움은 화려한 언어나 시각적 자료에서 일어나는 게 아니라 마음과 마음이 만나면서 화학 작용을 일으킨다는 것을 말이다.

전문가들이 알려준 관계의 비밀은 아주 단순했다. 바로 아이의 손을 잡는 것에서 시작하라는 것. 따뜻한 교사 또는 부모의 품에서 아침을 여는 아이들은 존중의 가치를 피부로 느낄 수 있었다. 눈을 마주침으로써 자기의 가치를 찾았고, 솔직한 교사의 자기 고백에 아이들은 환호하며 닫힌 마음의 문을 활짝 열어주었다.

수업 기술을 배우려는 바람, 바뀌는 교육 환경에 적응하려는 갈증, 부족한 교사 노하우를 채우려는 목적, 아이들과의 껄끄러운 대면을 완화시키기 위한 노력 모두, 전문가들의 조언처럼 선생님과 아이와의 관계가 좋아지자 자연스럽게 따라왔다.

대한민국에서 교사는 선망의 직업이다. 2012년 교육과학기술부가 발표한 선호직업에서 교사는 1위였다. 전통적으로 '교육자'라는 직업에 대해서 사회적으로 존중해주는 분위기인 데다가 경제 위기 때문에 많은 사람들이 불안과 스트레스에 휩싸이다 보니 교사라는 직업이 주는 안정성이 매력적으로 느껴지는 것은 당연하다. OECD 국가 중에서도 한국은 교사 처우가 꽤 좋은 편에 속한다.

하지만 같은 조사에서 나타난 교사의 직업 만족도는 50위, 거의 최하위권이다. 한국교총에서 실시한 설문조사에서도 교원의 사기 및 만족도는 4년 연속으로 하락하는 추세다. '학생 생활지도의 어려움', '교사의 권위를 인정하지 않는 학부모의 태도', '교직에 대한 사회적 비난 여론' 등 대내외적인 환경과 관계에서 맺는 어려움에 자존감을 잃은 교사들이 많았다. 결론적으로 이런 갈등과 고민을 해결하기 위해서는 관계의 문제부터 들여다보아야 한다. 학교라는 공간에서의 학생과의 관계, 부모와의 관계, 교사와의 관계에서 꼬인 매듭을 푸는 일부터 시작해야 하는 것이다. 그래서 〈선생님이 달라졌어요〉는 집중적으로 '관계'의 이야기를 풀어나갔다. 관계의 문제를 해결해 나가면서 선생님과 아이들은 행복에 가까워질 수 있었다.

학생 · 교사 · 학부모 모두를 위한 행복 학교, 교육 커뮤니티

오늘날 대한민국의 아이와 학부모, 교사에게 행복하느냐고 묻는다면 아직까지 '불행하다'라는 대답이 훨씬 많을 것이다. 아이러니한 말이지만 아이들의 상황과 교사들의 상황이 그대로 닮았다. 그야말로 학교가 교사와 아이들의 삶을 낭비하게 하는 구조다. 아이들은 적어도 10년 가까운 세월을 낭비하게 하고, 교사는 교사대로 학교에서 평생을 보내는

데, 참으로 불행하다. 행복 교육은커녕 오히려 학교가 수많은 사람들에게 불행의 근원으로 여겨지는 판이다.

학부모도 마찬가지다. 자녀들을 위해 연간 20조 원의 사교육비를 쓰며 '하우스 푸어'에서 '에듀 푸어' 세대가 됐다. 밤낮으로 아르바이트라도 해서 자녀의 학원비를 마련한다는 부모의 말을 농담처럼 받아들이기 어려운 게 현실이다.

교사는 교실에서 행복하게 가르칠 수 있는 방법을, 학생은 행복하게 배울 수 있는 방법을, 부모는 자녀가 지금 행복해지는 방법을 찾아야 하는 이유가 여기에 있다. 아이의 행복을 찾기 위해서는 부모와 교사 모두 행복해져야 하며 나아가 행복한 학교를 만들어야 한다.

교육의 최우선은 아이가 무엇을 할 때 행복할 수 있는가에 대한 고민이다. 그러기 위해서는 아이를 바라보는 태도부터 달라져야 한다. 무슨 일을 결정할 때는 아이 스스로 결정할 수 있도록 의견을 존중해주고 아이가 자신의 결정에 책임질 수 있도록 해야 한다.

정착되지는 않았지만 입학사정관제 등이 도입되면서 아이의 자율성을 강조하는 교육으로 패러다임을 변화시키려는 꾸준한 노력이 있어왔고, 부모는 지역 또는 온라인 커뮤니티를 이용해 정보와 육아 경험을 나누고 나아가 교육 혁신을 위한 여러 방법을 강구하고 있다. 서울시에서 교육 혁신의 방법으로 교육 커뮤니티를 지원한다는 발표도 있었다. 마을 공동체 사업의 하나로 부모 모임을 지원해 방과 후 프로그램에 대해 다양한 교육 프로그램을 꾸리겠다는 것이다. 의견을 공유하고 교육 정책이나 좋은 학교를 만들기 위한 네트워크 공간을 만들어 정보를 공유하는 커뮤니티는 실제로 실용적이면서도 웬만한 신문이나 잡지보다 유용한 정보가 많아 부모 사이에서도 인기가 높은 편이다. 빈자의 어머니로 불리는 마더 테레사 수녀는 "난 다만 한 개인을 바라볼 뿐이다. 난 한 번에 한 사람만을 껴안을 수 있다. 단지 한 사람, 한 사람, 한 사람씩만… 따라서 당신도 시작하고 나도 시작하는 것이다"라고 했다.

마찬가지로 학교는 교육의 중심축인 학생, 교사, 학부모 한 사람, 한 사람이 상대를 껴안으려는 노력에서부터 바뀐다. 그것이 행복한 학교이자 학교의 미래인 것이다.

아이들과 마음을 나누는 행복한 교사

- 정승재 (용인 구성고등학교 문학 교사)

방송 이후 꽤 많은 변화를 겪었다. 고등학교 2학년 담임을 맡아 여전히 문학으로 아이들과 소통 중이지만 분당 서현고등학교에서 용인의 신설학교인 구성고등학교로 옮기게 된 것이다. 그리고 또 하나의 변화는 교사로 살아가는 일이 피곤하고 힘든 시절이 언제 있었나 싶도록 행복감을 느끼고 있다는 것이다. 물론 늘 행복한 것은 아니지만 분명히 내 삶의 축은 행복으로 기울어져 있다.

〈선생님이 달라졌어요〉가 방송된 후, 다양한 연락을 받았다. 큰 감동을 받았다는 중국 길림성의 문학 선생님의 손편지를 비롯해, 결혼한 사실을 모르고 중매를 서 주겠다는 광주지역의 사업가부터 대학교 시절 첫사랑의 전화까지 예상하지 못했던 관심과 반응으로 방송의 힘을 느낄 수 있었다. 하지만 무엇보다 가장 많이 받은 연락은 선생님의 변화 과정에 대한 이야기를 듣고 싶다는 강연 요청이었다.

사람들 앞에 서서 이야기하는 것을 즐기는 나에게는 강연은 욕심이

나는 일이었지만 한편으로는 두려움이 일기도 했다. '다시 과거로 돌아가는 것은 아닐까? 순간적인 나의 욕심에 눈이 멀어 다시 아이들을 방치하고 불행해지는 것은 아닌가' 하는 두려움이었다. 그래서 원칙을 세웠다. 다른 것에 마음을 뺏기지 않도록 학기 중에는 강연을 하지 않기로 말이다. 방송이 나간 지 1년이 지났지만 그 원칙을 지켰던 것은 정말 잘한 일이라 생각한다.

그래도 꽤나 많은 요청이 있어서 조금 예외를 두어서 교사들에게 많은 시간이 주어지는 시험 기간이나 방학 중에 8번 정도 강연을 진행했다. 물론 그 이외의 날에 왔던 요청들은 정중히 거절했다.

내가 했던 강연의 주제는 '교사의 행복을 위한 꿈 말하기와 온몸 던져 학생과 의리 맺기'였다. 최고의 언어영역 강사라는 못된 꿈을 꾸다가 불행해진 나의 과거를 거울삼아 선생님들이 교사 생활에서 행복의 발전소가 될 구체적인 꿈을 다시 생각해볼 수 있는 시간을 가질 수 있도록 했다. 그리고 코칭 프로그램을 통해 알게 된, 수업과 생활 속에서 아이들과 좋은 관계를 맺는 방법들에 대해 설명했다.

물론, 첫 강연에서 갑자기 머릿속이 하얗게 변할 정도로 긴장하긴 했지만 강연이 끝나고 난 뒤에는 학교에서 아이들을 가르치며 느끼는 보람과는 또 다른 희열을 느꼈다. 그것은 불행한 교사였던 내가 다른 선생님들에게 교사로서 행복할 수 있는 방법을 전해주는 사람이 된 것에 대한 인생 반전의 보람이었다. 그리고 무언가 인생에서 의미 있는 일을 하고 있다는 기쁨이기도 했다.

얼마 전 〈선생님이 달라졌어요, 그 후〉를 찍는다고 오랜만에 EBS에서 카메라를 들고 왔을 때 순둥이 우리 반 녀석들은 공중파 방송을 타게 되었다며 잔뜩 흥분해 있었다. "이번에도 꼴등을 했는데 아이들이 너무 천진하고 밝아서 혼을 낼 수가 없네"라고 하시던 영어 선생님의 평가가 정말 적절하게 어울리는 우리 반이다.

하지만 우리 반을 처음 만났던 학기 초의 수업 태도는 전혀 꼴등의 모습이 아니었다. 조는 놈 하나 없이 나만 바라봐주고 곧잘 대답도 해서 은근히 중간고사를 기대하게 만들 정도로 이상적인 모습이었던 것이다. 그리고 드디어 중간고사 시험 날. 하지만 나의 기대와는 반대로 결과는 참담 그 자체였다. 놀랍게도 33명 중에 11명의 문학 성적이 10~20점대였다. 너무 화가 난 나머지, 아이들에게 온갖 욕설을 섞어가며 혼을 냈다.

실컷 감정을 터트렸으니 속이 아주 시원할 것 같았는데 마음이 영 불편했다. 불편한 정도가 아니라 소주 몇 잔으로도 달래지지 않을 만큼 아주 쓰렸다. '아, EBS에서 그렇게 떠들어 놓고 방송 끝나니 이제 와서 자기 화를 못 이기고 아이들에게 욕폭격이나 날리다니, 아침마다 웃으면서 안아주는 거 그거 가식 아닌가. 아이들을 진정으로 존중하지도 않으면서 내가 무슨 존경을 받겠다는 말인가' 자조와 자기냉소의 웃음도 나왔다.

그런 반성과 회의의 시간이 지나고는 아이들에 대한 분노를 거두고 내 수업을 찬찬히 돌아보게 되었다. 그리고 문제는 아이들이 아니라 내 수업 방식에 있었다는 것을 알았다. 실력이 우수한 아이들이 많은 서현고에서 사용했던 수업 설계 틀을 신생 학교라 상대적으로 기초학력이 부족한 우리 아이들에게 그대로 적용하려고 했던 것이 문제였다.

그때 마침 한 학생이 찾아와 "1학년 때 선생님은 강의식 수업 하셨는데. 전 그게 잘 맞는 것 같아요. 전 1학년 때 1등급이었는데 이제 3등급도 어려울 것 같아요"라는 말을 했다. 한숨이 절로 나왔다. 고민이 될 수밖에 없었다. '이 아이가 교무실에까지 찾아와 말할 정도면 다른 아이들도 원하는 것 아닌가. 내가 내 고집만 부리는 거 아닌가. 정말 다시 원맨쇼 강의식 수업을 해야 하나. 아니야, 현실에 타협하면 안 돼.' 며칠을 두고 고민에 고민을 거듭하다가 우연히 화장실에서 "유레카!"를 외치며 구성고 맞춤형 수업을 생각해냈다.

이후, 강의식 수업과 소통과 배움의 수업을 적절히 조정해서 수업을 진행했더니 아이들의 반응이 좋았다. 그리고 결과 또한 좋아서 기말고사에서 아이들 성적이 쑥쑥 올라갔다. 우리 반에는 30점 가까이 오른 녀석들이 무려 5명이나 되었고 전체 반 성적도 확연히 올랐다. 이제 우리 반은 문학만큼은 꼴등반이 아니라 중간반이 됐다. 열심히 잘 따라준 아이들이 그렇게 예뻐 보일 수가 없었다. '아침마다 아이들을 포옹으로 맞이하기가 힘에 부쳤었는데 녀석들이 예뻐 보이니 다시 힘이 솟아나서 아침을 먹는 둥 마는 둥 하고 녀석들을 안아주러 오게 되었다. 그런데 우리 반 녀석들, 월요일부터는 자기들끼리도 서로 포옹을 하겠단다. '시커먼 고등학교 2학년 남자들끼리 허그를?' 하고 속으로 걱정했지만 우린 대한민국에서 유일하게 아침인사를 서로 포옹으로 하는 고등학교 2학년 남자들이다.

이렇게 EBS가 준 가장 큰 선물은 스스로를 돌아보고 성장하게 만드는 성찰의 힘이다. 문제 상황이 오면 따라오지 않는 아이들 탓, 꽉꽉 막힌 학교 탓, 대안 없는 교육부 탓을 하면서 불행해하던 내가, 이제는 문제의 원인을 나로부터 찾으려고 한다. 세상은 아무리 바꾸려고 애써도 바뀌지 않는다고 생각했지만 내가 바뀌면 신기하게도 세상이 바뀌었다.

불행과 행복, 분노와 즐거움의 시소를 하루에도 몇 번씩 왔다 갔다 하는 것이 교직 생활이다. 하지만 지금은 수많은 감정 속에서 행복함을 느끼는 일이 더 많다. 모두가 〈선생님이 달라졌어요〉가 되찾아준 존경받는 선생님과 소통하는 문학 교사가 되고자 했던 꿈, 그리고 나부터 돌아보게 만드는 성찰의 힘 덕분이라고 생각한다.

변화를 위해 애써준 제작진, 전문가 선생님들, 특히 김태현 선생님, 서길원 교장 선생님께 감사의 마음을 전하고 싶다. 무엇보다 믿음에 보답해주는 사랑하는 아이들에게 진심으로 고맙다고 말하고 싶다.

마지막으로 자랑하고 싶은 것이 있다. 바로 우리 반 학생이 나에게 써준 시다. 이 정도로 내 마음을 알아주는 놈들이랑 사는 교사의 삶. 그 어찌 눈물 나게 행복하지 않겠는가!

정승재 선생님은 비누이다

우리에게 묻었던 때들을 선생님의 비누 같은 마음으로

뽀득뽀득 씻겨주신다.

정승재 선생님은 철 수세미다.

우리를 닦을 때 조그만한 생채기를 남기지만

말끔히 닦는다.

정승재 선생님은 락스다.

락스처럼 독하지만 막혀 있는 우리의 미래를

잘 뚫어버린다.

- 구성고등학교 2학년 9반 신주원

〈선생님이 달라졌어요〉를 통해 삶이 바뀌다

– 박상민 (청주 용암중학교 국사 교사)

〈선생님이 달라졌어요〉를 돌아보며

방송이 나간 후 1년의 시간이 흘렀다. 그동안 내가 받은 코칭 경험에 대해 수시로 되새김질해보았다. 그리고 그때를 되돌아보니, 그 당시에는 보이지 않았던 상황이 더 뚜렷해짐을 느낄 수 있었다. 마치 초등학교 5학년 때는 안 풀리던 산수 문제가 6학년이 되니, 저절로 풀리는 경험과 비슷하다고 할까.

처음 참가 신청서를 쓸 때 내겐 두 가지 마음가짐이 있었다. 하나는 '아이들 탓은 그만하고, 내게 있는 문제들을 살펴서 변화해보자'는 것이었다. 새로 옮겨온 지금의 학교에서 수업이 잘 안 될 때, '아이들이 이전 학교에 비해 수준이 떨어지나? 왜 이렇게 잘 안 듣지?'라고 생각하곤 했다. 그러다 문득 '그런 생각으로는 내 수업이 바뀌기 어렵겠다'는 생각이 들었다. '교직 경력이 10년 씩이나 되는 교사가 옮기는 학교에 따라,

매년 달라지는 아이들에 따라 수업의 질이 크게 달라진다면 내가 갖고 있는 전문성은 뭐란 말인가?' 하는 회의가 든 것이다. 그 순간, 변화하고 싶은 마음이 강하게 일어났다.

또 하나는 한마디로 '퇴로 막기'라 할 수 있다. 변화하고 싶은 마음이 들었을 때 '뭘 바꿔야 하나? 변화를 위해 내가 뭘 해야 하나?' 생각해보고, 이런저런 계획을 세우기 시작했다. 그때 마침 프로그램 참가자 모집 공고를 보았다. '그래, 여기 신청하면 내가 하는 변화 노력에 전문가의 조언이 겹쳐지고, 효과는 더욱 커지겠구나'라고 생각했다. '방송에 나가면 뒷걸음질 치기도 어려울 테니 이참에 제대로 변화해보자'란 생각에 서둘러 신청서를 작성했다.

그리고 변화 프로그램에 참여했고 많은 것을 얻어간 소중한 시간이었다. 방송이 나간 이후, 나는 전국의 수많은 선생님들에게 다양한 질문을 받았다.

선생님들이 던지는 질문들에는 공통점이 있었다. 방송에서 충분히 다루어지지 않은 문제이거나 '방송에서는 그렇게 나왔는데, 실제로는 어땠는가?' 하는 궁금증과 관련된 것이었다. 방송을 본 선생님들은 방송에서 담지 못한 정보들을 알고 싶어 했고, 방송 이면의 '진짜 맨얼굴'을 보고 싶어 했다. 이런 질문들에 답을 할 때마다 방송에 자세히 나오지 않은 이야기 중에서 선생님들에게 좀 더 도움이 되는 내용을 알려주고 싶었다.

2010년도에 방영된 〈학교란 무엇인가〉 시리즈 중의 하나인 '우리 선생님이 달라졌어요'를 보았을 때 참 좋은 프로그램이라고 생각하면서도 '꼭 저렇게 선생님들을 울려야만 하나?' 하는 의문이 들었던 적이 있다. 그래서 스튜디오 코칭에 임하게 되었을 때 한편으로는 긴장이 되면서도, 다른 한편으론 '난 절대 울지 말아야지'라는 마음을 먹고 들어갔다.

그런데 수개월간 진행된 변화 프로그램에서 내가 받은 대부분의 코칭은 방송 화면으로 나간 '독한(?) 코칭'이 아닌 따뜻한 관심과 공감, 체계적이고 전문적인 조언들이었다. 시간이 제한된 방송에서는 전체 코칭의 극히 일부분인 '지적' 장면만 나간 것이다.

또한 현장의 선생님들이 방송에 대해 가장 궁금해하는 부분이 바로 '어떤 코칭들을 받았나?' 하는 것이다. 코칭은 크게 두 가지 방향에서 제공되었다. 첫째, 수업이나 학급 운영에 대해 직접적인 조언과 코칭을 해주는 스튜디오 코칭, 방문 코칭, 미션지 전달이 있었다. 둘째, 교육에 대한 영감과 아이디어를 제공하고, 교사 자신에 대해 성찰하게 만드는 특강, 교육철학 워크숍, 집단 상담이다.

처음 신청을 하게 됐을 때는 프로그램만 참여하면, 내가 가야 할 길을 제시해주고, 나의 문제점에 맞는 구체적인 해법들을 하나하나 제공해줄 것으로 기대했다. 하지만 코칭은 '감나무 아래 있는 사람에게 감을 따서 먹여주는' 방식으로 이루어지지는 않았다. 오히려 참가 교사가 자

신이 되고 싶어 하는 교사의 모습을 스스로 찾고, 자신에게 맞는 방법
들을 탐색하도록 유도했다.

집단 상담

집단 상담에서는 네 가지 활동을 했는데, 이 활동들을 통해 나 자신에 대해 새롭게 인식할 수 있었다. 1) 눈을 감고 주변에서 들리는 소리, 몸의 미세한 변화, 순간순간 떠올랐다 사라지는 생각들을 알아차리는 활동, 2) 어린 시절의 집, 즐거웠거나 슬펐던 기억이 있는 장소와 나만의 비밀 장소를 표시해 말하는 활동, 3) 그림 카드 중에서 마음에 드는 카드를 골라 카드를 보고 떠오르는 일에 대해 말하는 활동, 4) 그림 카드와 관련된 추억에 대해 인형을 이용해 역할극을 하는 활동이 그것이었다.

이 활동들은 내가 놓치고 있던 두 가지를 알 수 있게 해주었다. 하나는 지금 이 순간의 나에 대해 알아차리는 것이다. 내가 긴장하고 있다는 걸 알아차리고 바라보는 것만으로도 긴장이 서서히 내려가는 걸 느낄 수 있었다. 순간 순간 '지금 내 상태가 어떻지?' 알아차리려는 노력을 하게 되면서 습관이 된 행동들을 인식할 수 있게 되었고, 그럴 때마다 새로운 행동을 선택할 기회를 가질 수 있었다.

또 하나는 집단 상담을 통해 활기찬 유년 시절을 보냈다는 사실을 새삼 알게 되었다. 활기차게 놀았던 어린 시절을 떠올리며 '내 안에 합리적이고 성실한 어른만 있는 게 아니구나. 자유분방하고, 쾌활한 아이의 모습도 있구나. 그 아이를 좀 더 자라게 하자'고 마음먹을 수 있었다. 그랬더니 반 아이들을 만나기가 좀 더 쉬워졌다. 아이들과 함께 대화하고, 놀 수 있게 되면서 학교가 더 즐거운 곳이 되어갔다.

1차 워크숍(교사 철학)

'진정한 배움에는 ( )가 있다.' 괄호 안에 들어갈 말을 세 가지씩 써서 모둠 안에서 이야기 나누고, 한 모둠당 세 가지를 골라서 소개하는 시간이 있었다. 진정한 배움에 있어야 할 세 가지를 써보면서 '진정한 배움이란 무엇인가'에 대해 다시 한 번 깊이 생각해볼 수 있었다. 그 자리에서 다양한 대답들이 나왔다. 감동, 탄성, 웃음, 호기심, 궁금함, 약오름, 재미, 참여, 소통, 동기부여, 자발성, 어울림 등등. 다른 선생님들이 생각한 배움의 본질에 대해 들으면서 고개를 끄덕이게 되었고, '내 수업에는 이런 배움의 본질이 담겨 있는가'에 대해 되돌아볼 수 있었다.

또한, 특강에서 서길원 교장 선생님의 '사랑받는 권위'라는 말은 큰 감동을 주었다. '아이들을 존중해주면 교사가 존경받는다'는 메시지를 들으면서 어떤 자세로 아이들을 만나야 하는가에 대해 깊이 생각해보게 되었다. '내가 먼저 다가가고, 눈을 맞추고, 따뜻하게 환대하고, 인정해주자.' 돌이켜 보니 내 학창 시절 선생님들 중 좋은 선생님으로 기억되는 분들은 그런 인간적이고, 따뜻한 모습을 갖고 계셨다. 나도 그런 선생님이 되고 싶었다.

2차 워크숍(학급 운영 및 수업)

현직 교사 두 분의 강의에서도 큰 자극을 받을 수 있었다.

먼저 정유진 선생님은 강의에서 "밭을 갈지 않고 씨를 뿌리면?"이라고 물었다. 수업을 시작할 때, 아이들과 만날 때 어떤 일을 가장 먼저 해야 하는지를 생각할 수 있게 되었다. 그것은 바로 따뜻한 만남이 있어야 한다는 것이었다. 하이파이브 등 여러 가지 인사로 아이들과 만남을 시작하는 방법, 수업 중에 짝과 활동하면서 손바닥 길이가 긴 사람이 먼저 발표하게 하기, 아이들이 글쓰기를 하는 동안 음악을 틀어주기 등 다중 감각과 다중 지능을 고려한 수업 진행 방법들을 배울 수 있었다.

김태현 선생님의 강의에서는 간디학교 교가인 '꿈꾸지 않으면'과 함

께 아이들의 웃는 모습이 담긴 영상을 보았다. 내가 교사인 이유, 교
사로 살아가는 이유는 바로 우리 아이들이 있기 때문이라는 사실을
새삼 확인하면서 눈물이 났다. 그 뒤로 힘들 때마다 그 영상을 생각하
면서 나를 다시 일으켜 세울 수 있었다.

정말 선생님은 달라졌나요

가끔 받는 질문이 있다. 바로 '정말 선생님은 달라졌어요?'라는 질문
이다. '정말 많이 달라져서 수업의 달인이 되었나?'라고 기대하며 묻는
물음 같기도 하고, '6개월 만에 얼마나 많이 달라질 수 있겠어?' 하는 의
심이 섞여 있는 물음 같기도 하다. 이 질문을 받을 때 나의 대답은 분명
하다. "네, 물론 크게 달라졌지요. 그리고 그 변화는 지금도 계속되고
있고요."

〈선생님이 달라졌어요〉는 '달라졌어요'라고 완료형으로 표현되었지
만, 교사의 성장에 완료형은 없을 것이다. '달라졌어요'라는 제목을 '일신
우일신'이라는 지혜로운 말처럼 하루하루, 한 해 한 해 새로워지라는 주
문으로 생각하기에 교사로서의 나의 성장은 완료형이 아닌 진행형이다.

무엇보다 내가 크게 달라졌다고 말할 수 있는 부분은 바로 관점의 변
화다. 코칭을 통해 교직 10년 동안 걸어온 길을 되돌아보고 앞으로 가

야 할 방향에 대해 새롭게 정립할 수 있었다. 이거야말로 내가 생각하는 가장 중요한 변화이고, 이후 계속해서 새로운 변화들을 이끌어내줄 핵심적인 부분일 것이다.

먼저, '나는 어떤 선생님이 되고 싶은가?'에 대해 깊이 생각하게 되었고, '지금 나는 어떤 선생님인가?'를 함께 살필 수 있었다. '아이들을 사랑하고, 아이들의 성장을 지지해주는 선생님이 되고 싶다. 그런데 지금 난 그런 선생님으로 아이들 앞에 서 있는가?' 이렇게 내 스스로 묻고 보니 내 안의 완벽주의적 성향 때문에 아이들의 성장을 지지해주기는 커녕 아이들의 발표가 성에 차지 않아 인정해주지 않고 칭찬하지 못했던 내 모습을 볼 수 있었다. 조금 느릴지라도 아이들은 분명 성장하고 있었다. 하지만 내 생각만큼 완벽하지 않아 못마땅하게만 여겼다. 그걸 깨닫는 순간 아이들에게 정말 미안해졌다. 완벽이 아닌 성장을 추구하는 선생님, 아이들의 성장을 보고 기뻐하며 그 성장을 돕는 선생님이 내가 가고자 하는 길이다.

또한 '내가 뭘 가르치나?'에서 '아이들이 뭘 배우고 있나?'로 수업을 보는 시선이 달라졌다. '열심히 가르치는 동안 아이들은 정말 배우고 있는가?'를 살피게 되었다. 수업 속에서 나는 지식의 전달자였을 뿐 '아이들이 지식의 창조자가 되도록 돕는 일'을 하지 못했다. 나의 역사 수업에서 아이들이 자신의 눈으로 역사를 보고, 자기 자신의 역사를 만들어가기를 바란다. 그러기 위해 아이들의 이야기를 귀 기울여 듣고, 아이들이 '배우는 법을 배우도록' 돕고 싶다.

코칭을 받으면서 내 수업을 성찰하고, 변화를 시도한 매 순간순간이 변화의 과정이었다. 그런데 그중에서도 특히 결정적으로 중요한 계기가 있었다.

바로 아이들 앞에서 고백의 순간을 가졌을 때다. 아이들에게 내가 불완전한 인간이라는 사실을 인정하고, 그 불완전함을 받아들이며 도움을 부탁했다. 나를 '로봇'이라 생각하던 아이들은 그 순간 처음으로 나에게서 '인간'적인 모습을 발견할 수 있었을 것이다. 나 또한 내가 완벽하지 않은 인간이라는 걸 고백하니 마음이 한결 가벼워졌다. 이제 아이들 앞에서 늘 완벽한 모습으로 서 있지 않아도 되었다. 실수를 해도 아이들이 이해해줄 수 있을 거라 생각하니 훨씬 자유로워진 느낌이었다. 그렇게 불완전한 나를 받아들일 수 있게 되면서 아이들의 서툴고 실수하는 모습을 받아들일 수 있게 되었다. 아이들의 발표는 서툴렀고 때로는 실수도 했다. 하지만 아이들로서는 용기를 낸 행동이고, 배우려 하는 마음이 있었다. 이 사실을 깨닫게 되면서 아이들의 작은 노력, 작은 시도에 대해서도 집중하고, 인정하려고 노력하였다. 그러자 아이들의 얼굴에 미소가 번졌고, 함께 즐거워하며 수업할 수 있었다.

생각해보면, 변화의 계기는 어느 한 순간 찾아왔다기보다는 서서히 진행되었다. 바로 나 자신에 대해, 내 안의 다양한 나에 대해 알아차리기 시작한 것이다.

내 안의 완벽주의 성향을 처음 알게 되었을 땐 그런 내 모습을 지우고만 싶었다. 하지만 변화 프로그램이 진행되면서 이제는 완벽주의 성향을 갖고 있던 나 역시도 받아들일 수 있게 되었다. 그런 모습도 소중한 나로 받아들이고, 여태껏 키워주지 않았던 부분들－여유와 여백, 활기차고 쾌활한 모습－도 찾아내보기 위해 노력했다. 이후 유능한 교사만을 꿈꾸고, 나만 성취하려고 했던 모습을 반성하게 되었고, 그 뒤론 욕심을 줄일 수 있었다. 그러자 교실에서 힘들어하는 아이, 노력하는 아이, 창의성을 발휘하는 아이 등 다양한 아이들의 모습이 눈에 들어왔다. 그렇게 내 눈에 보이기 시작한 아이들의 모습은 정말 사랑스러웠다.

내가 받은 코칭, 내게 남긴 의미

코칭을 받으면서 수업을 개선하기 위해 이런저런 모색을 하고, 많은 노력과 시도를 해왔다. 그래서 수업에서 변화가 찾아왔다. 하지만 내게는 수업의 변화만큼, 아니 오히려 그것보다 더 소중한 변화가 있었다. 바로 코칭 이후 내 삶을 변화시키는 노력을 시작한 것이다.

작년에 소중한 코칭을 받고 변화를 위해 시도하던 것들을 올해 계속 이어서 했더라면 좋았을 텐데, 형편상 육아휴직을 했다. 그랬더니 많은 사람들이 받은 코칭을 활용해보지 못하는 것에 대한 안타까움을 표시했다. 그럴 때마다 나는 이렇게 대답해왔다.

"코칭 받은 것을 올해 계속 이어갔으면 좋았겠지만 지금은 지금대로
아주 좋아요. 왜냐하면 휴직하고 있는 지금은 장독에서 장이 익어가고
숙성되는 기간이라고 생각하거든요. 그동안의 내 수업이나 아이들과
의 관계에 대해 차분히 거리를 두고, 여유롭게 바라볼 수 있는 시간을
가질 수 있어서 좋아요."

이제는 '돌보는 자로서 스스로를 보살피기'의 중요성을 알게 되었다.
교사이자 부모인 나에게는 자기 돌봄은 나를 위해서뿐만 아니라 아이
들을 위해서도 챙겨야 할 중요한 일이다. 충분히 휴식하고, 나의 성장
을 위한 시간을 확보하는 등 나를 챙기려고 노력하면서 아이들에게 짜
증내거나 화내는 일이 많이 줄었다.

그리고 나를 더 이해하고, 받아들이고, 사랑할 수 있게 되었다. 어설
프고 불완전한 모습이지만 거기에도 나름대로 열심히 살아온 내 모습
이 있다는 것을 깨달았다. 달라진다는 건 자신의 결점을 싹 지우고, 새
로운 장점으로 채우는 것이라기보다는 나의 결점을 받아들이고, 내 안
의 작았던 부분들도 키워나가는 일이라고 생각한다.

그리고 항상 깨어 있는 마음으로 내 안의 나를 살피려 하고 있다. 상
황을 받아들이는 익숙한 패턴에 대해 잘 알고 있으면 익숙했던 인식의
틀, 습관화된 행동 방식 대신 새로운 인식과 행동을 선택할 수 있다는

것도 깨달았다.

새로 알게 된 것들을 내 삶 속에서 실천하기 위해 노력하고 있다. 내가 배운 것들을 통해 내 삶이 더 풍요로워지는 것을 느낄 때 아주 행복하다.

더 성숙하고 여유로운 선생님이 되어 복직할 때를 상상해본다. 새로 만날 아이들과 좀 더 인간적이고 따뜻한 관계를 맺으며 함께 배워가는 수업을 할 수 있을 거라 생각하니 벌써부터 내 마음은 설렌다.

바로 나는 아이들 속에서 기쁨을 느끼고 행복해지는 교사이기 때문이다!

EBS 〈선생님이 달라졌어요〉를 만든 사람들

기획 이정욱
연출 정성욱, 최영기, 이창준, 손승원, 최홍석
조연출 명제권, 장주상
글 · 구성 김미지, 임정화

취재작가 이민정, 최애진 **나레이션** 이금희
촬영 조영환, 박혜순, 전준우 **기술감독** 진대중 **편집감독** 한명진 **타이틀** 최지영
미술 김유라, 김난영 **문자그래픽** 신동인 **무대디자인** 최원석
세트 이기남, 이진호, 이희신 **소품** 노은주
음악 최형원 **효과** 이용문 **녹음** Popes 강희중
조명 준조명 함형석 **분장/의상** 최은정 **지미집** 이수명 **외부음향** 이현곤
사진 장종 **홍보** 김민정 **홈페이지** 김희정 **행정** 이봉희

EBS 선생님이 달라졌어요

내 아이를 위한 최고의 수업

ⓒ EBS 2012

1판1쇄	2012년 11월 2일
1판5쇄	2017년 11월 30일

기획	EBS 미디어
지은이	EBS 〈선생님이 달라졌어요〉 제작팀
펴낸이	김정순

책임편집	배경란
디자인	김진영
마케팅	김보미 임정진 전선경
본문구성정리	손혜령 오수연

펴낸곳	(주)북하우스 퍼블리셔스
출판등록	1997년 9월 23일 제406-2003-055호

주소	04043 서울시 마포구 양화로 12길 16-9(서교동 북앤빌딩)
전자우편	editor@bookhouse.co.kr
홈페이지	www.bookhouse.co.kr
전화번호	02-3144-3123
팩스	02-3144-3121

ISBN 978-89-5605-611-1 13590

이 도서의 국립중앙도서관 출판예정도서목록(CIP)은 서지정보유통지원시스템 홈페이지
(http://seoji.nl.go.kr)와 국가자료공동목록시스템(http://www.nl.go.kr/kolisnet)에서
이용하실 수 있습니다.(CIP2012004857)